JN440936

진동과 파동 현상의 이해

Oscillations and Waves

Oscillations and Waves

진동과 파동 현상의 이해

신동수 지음

한양대학교 출판부

수영, 규원, 규철에게

머리말

진동과 파동 현상은 우리 주변에서 수많은 예를 찾아 볼 수 있다. 연못에 돌을 던졌을 때 수면이 진동하며 물결이 퍼져나가는 것이나 전자기파인 빛이 물체의 표면에서 반사되어 우리 눈에 들어오는 것 등 다양한 현상을 예로 들 수 있을 것이다. 현대 과학기술은 이러한 진동과 파동의 개념에 기초하여 다양한 장치를 만들어 활용하고 있다. 예컨대, 우리가 날마다 사용하는 스마트폰에는 진동 신호를 만들어내는 회로와 이 신호가 진행하는 길(전송선), 그리고 안테나를 통해 자유 공간으로 퍼져나가는 전자기파 신호 등이 사용되고 있다. 또한 20세기 물리학이 만들어낸 가장 위대한 성취의 하나라고 일컬어지는 양자역학은 미시 세계가 입자성만으로는 이해할 수 없으며 파동성을 함께 고려해야 함을 우리에게 알려준다. 양자역학은 우리가 사용하는 여러 반도체 소자를 이해하기 위해 필요한 핵심적 요소이다.

이처럼 현대 과학기술의 기반이 되는 전자기학과 양자역학을 이해하기 위해서는 진동과 파동 현상에 대한 지식과 이해가 필수적이다. 하지만 전자기학은 벡터 미적분학이라는 수학적 장벽으로 인해, 양자역학은 상식으로는 이해가 불가능한 개념적 어려움으로 인해 접근이 쉽지 않다. 『진동과 파동 현상의 이해』는 일반물리학을 수강한 이공계 학부 2학년을 대상으로 진동과 파동이란 현상을 올바로 이해하고 활용할 수 있도록 다양한 개념과 수학적 기술 방법을 제시하는 것을 목표로 하고 있다. 주로 역학적 진동자와 전기 회로의 예를 이용하여 논의를 전개하며, 이를 통해 진동과 파동 현상의 올바른 이해에 도달할 수 있도록 안내한다. 『진동과 파동 현상의 이해』에서 지속적으로 다루는 전기 회로의 예를 통해 전기 회로의 이론적 기초도 함께 다질 수 있을 것이다. 전자기학의 예는 본격적으로 다루지 않으나 간단한 소개를 통해 이후의 학습에 대한 동기 부여와 개념적 통일성을 확인할 수 있도록 했다. 단, 여러 제약으로 인해 양자역학의 내용은 언급하지 않았다. 『진동과 파동 현상의 이해』를 학습한 후, 전자기학이나 양자역학 등의 과목을 공부한다면 훨씬 더 쉽게 각 과목에서 제시하는 새로운 개념을 이해할 수 있으리라 기대한다.

이 책은 크게 2개 부분으로 구성되어 있다. 첫 번째 부분은 진동 현상을 다루며 1장에서 4장까지가 해당된다. 1장에서는 단순 조화 진동의 개념과 수학적 기술 방법을 설명한다. 특히 공학에서 널리 쓰이는 복소수 표기법에 대해 다룬다. 복소수에 대해 이미 알고 있는 학생에게는 정리할 수 있는 기회가, 혹시 아직 모르는 학생들에게는 이후의 학습에 널리 쓰일 매우 유용한 도구를 배울 수 있는 기회가 될 것이다. 역학적 진동 운동과 전기 회로는 수학적으로 동일하게 다룰 수 있으며 이후에도 계속해서 공통점을 다루게 된다. 2장에서는 마찰이 있을 경우 진동 운동이 어떻게 달라지는지에 대해, 3장에서는 강제 진동과 공명 현상, 4장에서는 주기 신호를 분석하는 데 매우 유용한 Fourier 분석 방법에 대해 논의한다.

이 책의 두 번째 부분은 진동 운동이 발생시키는 파동 현상을 다룬다. 5장에서 8장까지가 해당한다. 5장에서는 줄에서 진행하는 파동이 만족하는 파동 방정식을 유도하고 이 방정식의 해에 대해 논의한다. 6장에서는 파동이 경계를 만날 때 일어나는 현상인 반사와 투과에 대해 다룬다. 7장은 경계로 인해 파동이 반사할 때 일어나는 현상인 정지파와 고유 모드에 대해 자세히 설명한다. 마지막인 8장에서는 파동을 다룰 때 중요한 현상인 파동의 간섭에 대해 논의한다. 흥미롭고 유용한 다중 슬릿의 경우와 군 속도에 대해서도 다루었다.

본문 중간 중간에는 학습한 내용을 확인해 볼 수 있도록 연습과 문제를 두었다. 연습에는 풀이도 제시되어 있다. 문제에는 풀이가 제시되어 있지 않으나 유도하는 문제가 아닌 경우 정답이 제시되어 있으니 이해한 정도를 확인해 볼 수 있을 것이다. 그 외에 고찰을 두어 좀 더 심화가 필요한 경우에 생각해 볼 수 있도록 했다.

이공계 학부 2학년을 염두에 두고 책을 작성하였지만, 미적분 등 적절한 배경 지식만 있으면 그 외의 학생들도 충분히 학습할 수 있으리라 생각한다. 조금 어려운 일부의 내용에는 ● 표시를 하였으며, 처음 학습할 때는 그냥 지나쳐도 아무런 문제가 없다. 나중에 혹시 필요할까봐 정리해 두었으니 학습 이후에도 참고 도서로 활용되기를 기대한다.

『진동과 파동 현상의 이해』는 한양대학교 ERICA 나노광전자학과 2학년 학생들을 대상으로 한 학기 동안 강의한 내용을 기반으로 작성했음을 밝혀둔다. 위에서 언급되었듯이, 진동과 파동 현상의 기초 지식과 개념 및 수학적 기술 방법을 전달하여 이후의 전공 수업을 위한 기반을 준비시키는 것이 강의의 목적이었다. 하지만 의도한 내용을 포괄하는 적절한 교재를 찾지 못하여, 필요하다고 생각되는 내용들을 다른 여러 교재에서 선택하고 설명을 추가하여 강의를 진행했다. 강의를 진행하며 참고한 교재는 참고 문헌에 정리되어 있다. 강의에 참여하며 다양한 피드백을 준 학생들에게 감사한다. 교재가 없어서 복습에 어려움이 있다는 의견은 이 책을 작성하게 된 동기의 하나가 됐다.

강의 내용을 책의 형태로 정리하며 학문의 연속성에 대해 다시 한번 생각했다. 내가 알고 있는 지식은 혼자 힘으로 알아낸 것이 아니라 모두 선배 연구자들로부터 물려받은 것이다. 많은 깨달음을 주신 은사님들과 선배 교수님들, 그리고 동료 교수님들께 감사드린다.

이 책의 학습을 통해 학생들의 진동과 파동 현상에 대한 이해가 조금이라도 깊어진다면 책 작성에 쓴 시간과 노력이 아깝지 않은 큰 보람이겠다. 책의 출간에 여러 도움을 준 한양대학교 출판부에게 감사한다. 이 책을 학습할 미래의 주역이자 후배인 학생들에게 축복이 함께 하기를 기원한다.

2024년 8월

신동수

목차

1

단순 조화 진동

진동 운동(oscillation)이란 일정한 **주기**(period)를 가지고 반복되는 운동을 말한다. 주기란 어떤 위치로 그 물체가 다시 돌아올 때까지 걸리는 시간이다. 진동 운동의 대표적 예로는 고정된 줄에 매달려 있는 물체가 있다(**그림 1.1**). 줄을 살짝 옆으로 잡아 당겼다 놓으면 물체가 연직선을 중심으로 왕복운동 하는 것을 알 수 있다. 이를 **단진자**(simple pendulum)라고 한다.

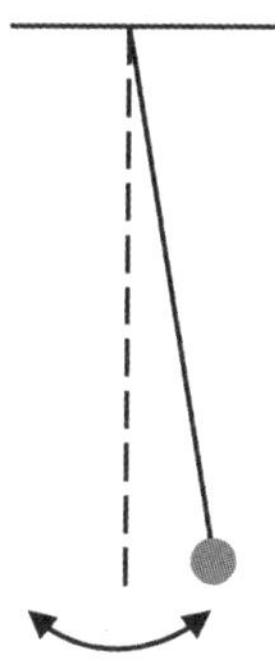

그림 1.1 단진자

단진자 외에도 진동 운동의 여러 예를 찾을 수가 있다. **그림 1.2**는 이러한 예들을 보여준다. 줄에 원판을 매달아 조금 회전시키면 줄이 꼬였다가 풀리는 것을 반복하는 진동 운동을 보이는데, 이를 비틀림 진자(torsion pendulum)라는 이름으로 부르기도 한다. 잔잔한 물에 떠 있는 물체를 조금 눌렀을 때 물체가 들어갔다가 나오는 것을 반복하는 것도 진동 운동의 예이다. 나중에 좀 더 살펴보겠지만, 축전기(capacitor)와 유도기(inductor)를 직렬로 연결한 회로도 진동 운동의 예라고 할 수 있다. 진동 운동을 이해하면 여러 가지 주기적 현상을 하나의 틀로 이해할 수 있다.

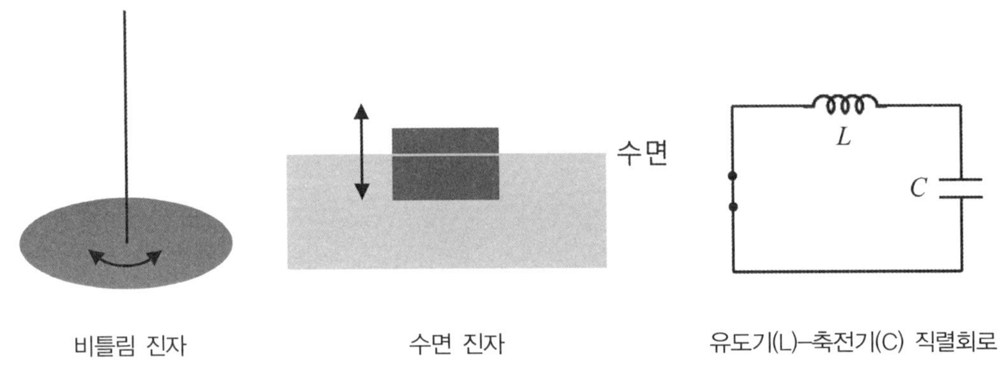

그림 1.2 여러 가지 진동 운동의 예

1.1 진동 운동의 복원력

모든 진동 운동에는 왕복 운동의 중간이 되는 위치가 있는데, 이러한 위치를 **평형점**(equilibrium point)이라고 한다. 단진자의 경우, 평형점은 연직선을 따라 물체가 놓여 있을 때의 위치이다. 평형점에서는 물체에 작용하는 모든 힘이 상쇄된다. 즉, 물체에 작용하는 '알짜힘'은 0이다. 물체가 평형점에서 벗어날 때, 물체를 평형점으로 되돌리려는 힘이 작용하는데, 이 힘을 **복원력**(restoring force)이라고 한다. **복원력은 진동 운동을 일으키는 원인**이며, **복원력을 찾는 것이 진동 운동을 이해하고자 할 때 핵심**이라고 할 수 있다.

진동 운동에서는 복원력에 의해 평형점으로 되돌아간 후 평형점에서 운동이 멈추지 않고 평형점을 지나서 반대편 방향으로 운동이 지속되는 것을 알 수 있는데, 이는 자연계에 **관성**(inertia)이 있기 때문이다. 이렇게 진동하는 모든 것들을 뭉뚱그려 **진동자**(oscillator)라고 부르기도 한다.

문제

그림 1.2에 나와 있는 예에서 각각 복원력과 관성의 역할을 하는 것에 대해 생각해 보라.

정답 비틀림 진자 - 복원력: 줄의 꼬임으로 인한 돌림힘, 관성: 원판의 회전 관성
수면 진자 - 복원력: 중력과 부력의 차이, 관성: 물체의 질량
LC 회로 - 복원력: 축전기 극판에 저장된 전하가 방전되려는 경향, 관성: 유도기에 흐르는 전류가 지속되려는 경향

1.2 단순 조화 진동

실제 진동 운동을 살펴보면, 점점 그 진동이 줄어들다가 언젠가는 **평형점에 정지**한다는 것을 알 수 있다. 모든 운동에는 일종의 마찰이 있어서 운동을 방해하기 때문이다. 이를 에너지의 관점에서 보면, 그 계의 진동 운동에 저장되어 있는 에너지가 마찰로 인하여 열 에너지로 전환된다고 말할 수 있다. 시간이 흘러 진동 운동이 멈춘 경우, 진동 운동에 저장되어 있던 에너지는 모두 열 에너지로 전환되어 버린 것이다.

이제 살펴볼 **단순 조화 진동**(simple harmonic oscillation, SHO)은 이러한 **마찰을 무시**하고 진동 운동의 핵심을 이해하기 위하여 살펴보는 운동이다. 단순 조화 진동은 우리가 완벽하게 그 운동을 기술할 수 있다. 단순 조화 진동의 대표적 예는 용수철에 연결한, **마찰 없는** 수평면 위에 있는 질량 m의 물체이다(**그림** 1.3).

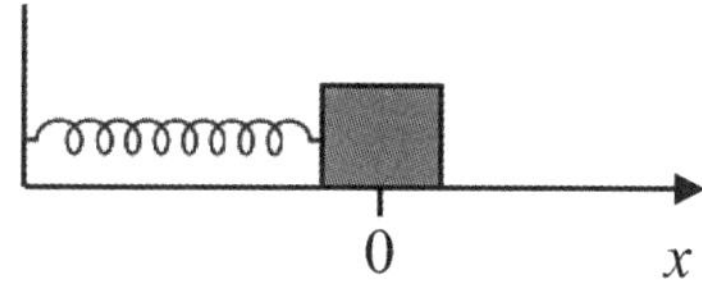

그림 1.3 마찰 없는 수평면 위에서 용수철에 매달려 있는 물체. 단순 조화 진동을 한다.

용수철은 원래 고유한 길이가 있는데, 이 길이에서 늘어나거나 줄어들 경우 원래의 길이로 돌아가고자 하는 성질이 있다. 이러한 성질이 물체에 복원력을 작용하도록 한다.

용수철의 길이가 원래 길이에서 늘어나거나 줄어들 경우, 작용하는 복원력의 크기는 늘어나거나 줄어든 길이에 **비례**한다. 이를 **Hooke의 법칙**이라고 한다. Hooke의 법칙에 따르면 용수철의 복원력 F는 다음과 같이 쓸 수 있다.

$$F(x) = -kx \tag{1.1}$$

여기서 x는 **늘어난 길이**이며 k는 **용수철 상수**라고 부른다($k > 0$). 힘이 일정하지 않고 x에 따라 달라지므로 x의 함수라는 의미로 $F(x)$로 적었다. 늘어난 길이 x가 0이면 복원력은 0이다. 좌표를 이용하여 물체의 위치를 나타낼 경우, **그림 1.3**과 같이 물체의 평형점을 원점으로 잡아 수평선을 x축으로 나타내면 물체의 위치 x가 물체의 늘어난 길이임을 알 수 있다. (1.1)에서 음의 부호는 작용하는 힘의 방향을 나타내며 반드시 필요하다. $x > 0$일 경우(용수철이 늘어남) 힘은 음의 방향(용수철을 줄이는 방향)으로 작용하여 복원력의 특성을 잘 나타낸다.

문제

그림 1.3에서 용수철의 **왼쪽 끝**(벽면)을 좌표의 원점으로 삼으면 (1.1)을 어떻게 수정해야 하는지 생각해 보자. 용수철의 원래 길이를 l이라고 하자.

정답 $F(x) = -k(x-l)$

1.3 단순 조화 진동의 일반 해

단순 조화 진동은 Newton의 제2 법칙, $F = ma$를 이용하여 기술할 수 있다. 여기서 F는 물체에 작용하는 힘이며 m은 물체의 질량, a는 물체의 가속도를 의미한다. 가속도는 물체의 위치 x를 시간에 대해 두 번 미분한 것이다. Newton의 표기법을 따라 시간에 대한 미분을, 미분하는 양(quantity) 위에 점을 찍어 나타내도록 하자. 이렇게 하면 물체의 가속도 a는

$$a = \frac{d^2x}{dt^2} = \ddot{x} \tag{1.2}$$

와 같이 적을 수 있다. 여기서 x 위의 점 2개는 **시간에 대해 2번 미분**한 것을 나타낸다. $F = ma$의 힘 F에 복원력 (1.1)을 넣으면

$$m\ddot{x} = -kx \tag{1.3}$$

를 얻는다. Newton의 제2 법칙을 $ma = F$의 형태로 쓴 것에 유의하자. (1.3)과 같은 식을 **운동 방정식**(equation of motion)이라 부르기도 한다. 우변을 좌변으로 이항하고 정리하면 다음과 같은 식을 얻을 수 있다.

$$\ddot{x} + \omega_0^2 x = 0 \tag{1.4}$$

여기서 ω_0은 다음과 같이 정의한 양이다.

$$\omega_0 \equiv \sqrt{\frac{k}{m}} \tag{1.5}$$

ω_0을 보통 **자연(또는 고유) 각진동수**(natural angular frequency)라고 부른다. 때때로, 각도를 나타내는 '각'이란 말은 생략하고 그냥 자연 진동수라고 부르기도 한다. 하지만 엄밀히 얘기할 때는 반드시 '각'이란 말을 붙여야 한다. ω_0가 어떻게 진동수와 연결되는지는 잠시 후 살펴보기로 한다.

(1.4)를 수학에서는 2차 미분방정식(second-order differential equation)이라고 부른다. '미분'이 들어간 방정식이라서 미분방정식이며 '2차'는 미분한 최고 차수가 2차임을 의미한다. 미분방정식 (1.4)의 해(solution)는 쉽게 알 수 있다. 해의 하나는 $\cos\omega_0 t$인데, $\cos\omega_0 t$를 시간에 대해 두 번 미분하여 (1.4)에 넣어보면 우변이 0이 나옴을, 즉 미분방정식을 만족함을 보일 수 있다. 또 다른 해는 $\sin\omega_0 t$이며 마찬가지로 미분방정식을 만족함을 보일 수 있다. 2차 미분방정식의 해는 보통 2개 존재하는데, 가장 일반적 해는 이 2개 해의 **선형 결합**(linear combination)이다. 선형 결합이란 각각의 해(함수)에 상수를

곱해 더하는 것을 말한다. 즉,

$$x(t) = A\cos\omega_0 t + B\sin\omega_0 t \tag{1.6}$$

가 2차 미분방정식 (1.4)의 가장 일반 해이다. 여기서 A와 B는 **임의의 상수**이다. 2개의 해가 선형 결합된 일반 해 (1.6) 또한 2차 미분방정식 (1.4)를 만족함을 보일 수 있다.

상수 A, B는 **초기 조건(initial condition)에 의해 결정**된다. 2차 미분방정식을 풀면 나오는 2개 해를 선형 결합할 때 2개의 상수가 나오게 되는데, 이 2개의 상수는 일종의 미지수(unknown)이며, 이 2개의 미지수를 결정하기 위해서는 반드시 2개의 초기 조건이 필요하다. 초기 조건은 $t = 0$일 때의 **위치**와 **속도**로 보통 주어진다.

연습

마찰이 없는 면 위에 놓여 있는 용수철에 매달려 있는 물체를 평형점으로부터 a만큼 당긴 후 가만히 놓았다($a > 0$). 이 경우, 놓은 순간을 $t = 0$으로 잡으면, 초기 조건은

$$x(0) = a,\ \dot{x}(0) = 0$$

이 된다. 초기 속도 $\dot{x}(0)$가 0인 것은 '가만히', 즉 정지 상태에서 물체를 놓았기 때문이다. 이 경우, (1.6)에서 A와 B를 구해보시오.

풀이 먼저, 위치에 대한 초기 조건 $x(0) = a$와 (1.6)으로부터

$$x(0) = A = a$$

를 얻는다. 다음으로, 속도에 대한 초기 조건을 사용하기 위해 $\dot{x}(t)$를 먼저 구해보자.

$$\dot{x}(t) = -A\omega_0 \sin\omega_0 t + B\omega_0 \cos\omega_0 t \tag{1.7}$$

여기에 $\dot{x}(0) = 0$의 초기 조건을 사용하면

$$\dot{x}(0) = B\omega_0 = 0$$

즉, $B = 0$을 얻는다. 이와 같이 구한 A와 B를 이용하여 (1.6)을 다시 표시하면

$$x(t) = a\cos\omega_0 t \tag{1.8}$$

가 된다. 이 운동을 그래프로 나타내면 그림 1.4와 같다.

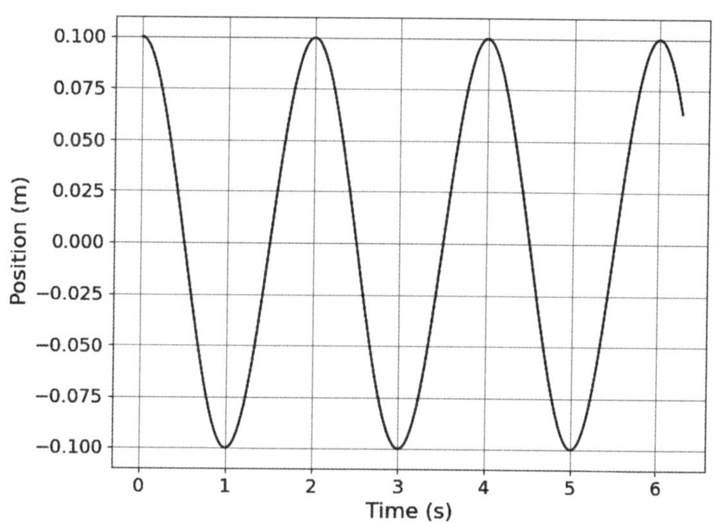

그림 1.4 $t = 0$에 가만히 놓은 용수철 진동자의 운동을 시간에 따라 나타낸 그래프 ($a = 0.1\,\mathrm{m}$, $\omega_0 = \pi\,\mathrm{rad/s}$)

A와 B가 어떤 값을 갖는지와 상관없이 (1.6)으로 기술되는 운동은

$$\omega_0\tau = 2\pi \tag{1.9}$$

를 만족하는 시간 τ를 주기로 반복된다. (1.6)에 들어 있는 $\cos\theta$ 또는 $\sin\theta$ 함수는 각(θ) $2\pi\,\mathrm{rad}$을 주기로 하는 주기 함수(periodic function)이기 때문이다. $\cos\theta$ 또는 $\sin\theta$ 의 값을 결정하는 각(angle)을 종종 **위상(phase)**이라는 이름으로 부른다. 각의 단

위인 rad는 라디안(radian)을 줄여 쓴 것으로서, 원호의 길이 s를 원의 반지름 r로 나누어 각 θ를 정의했음을 나타낸다(**그림 1.5**). 같은 각이라도 원호의 길이가 반지름에 비례하기 때문이다. 식으로 나타내면

$$\theta = \frac{s}{r} \tag{1.10}$$

이다. 원의 둘레는 $2\pi r$이므로, 원의 한 바퀴 도는 각도를 나타내는 360°는 2π rad이다.

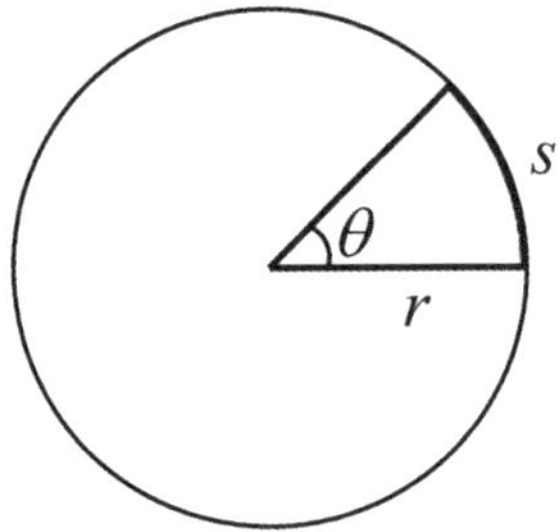

그림 1.5 rad 단위로 각을 정의하는 방법. 원호의 길이 s를 원의 반지름 r로 나눈다.

(1.9)에 나타난 바와 같이, 운동이 반복되는 시간 τ가 바로 진동 운동의 주기임을 다시 상기하자. 주기의 역수를 보통 **진동수(frequency)**라고 부르며 f 또는 ν의 문자로 나타낸다. 공학에서는 진동수를 주파수(周波數)라고 부르기도 한다. 우리는 진동수를 나타내기 위해 f의 문자를 사용하겠다. 식으로 나타내면

$$f = \frac{1}{\tau} \tag{1.11}$$

이다. 시간은 초(second)가 국제단위계(SI)에서 사용하는 단위이며, 이를 줄여 s로 적는다. 이에 따라 진동수의 표준 단위는 s^{-1}이 되며, 이를 보통 헤르츠(Hertz)라고 부른다. 19세기에 활동했던 독일의 물리학자 Heinrich Hertz를 기념하여 부르는 이름이다. 헤르츠는 Hz로 줄여서 적는다.

주기의 정의인 (1.9)를

$$\omega_0 = \frac{2\pi}{\tau} = 2\pi f \tag{1.12}$$

로 다시 적을 수 있다. (1.12)는 각진동수와 진동수의 관계를 보여준다. 진동수 f에 2π를 곱하면 rad/s의 단위를 갖는 각진동수가 된다. 예를 들어, 1초에 10번 진동($f = 10\ \mathrm{s}^{-1} = 10\ \mathrm{Hz}$)하면, 이에 해당하는 각진동수는 $(2\pi)(10\ \mathrm{rad/s})$, 즉 $20\pi\ \mathrm{rad/s}$가 된다.

이제 (1.12)와 ω_0의 정의인 (1.5)를 이용하여 진동 운동의 주기 τ를 구해보자. 그럼 주기 τ는

$$\tau = \frac{2\pi}{\omega_0} = 2\pi\sqrt{\frac{m}{k}} \tag{1.13}$$

가 됨을 알 수 있다. (1.13)에 따르면 매달린 물체의 질량 m이 크면 관성이 크므로 주기가 길어지며, 반대로 용수철 상수 k가 크면 복원력이 크므로 주기는 짧아진다.

이제 2차 미분방정식 (1.4)의 일반 해 (1.6)을 다른 방식으로 표시해 보자. 이를 위해

$$A = x_0 \cos\phi \tag{1.14}$$

$$B = x_0 \sin\phi \tag{1.15}$$

라고 놓자. 이 경우, x_0과 ϕ가 A와 B를 대신하는 새로운 상수라고 생각할 수 있다. 두 상수들 사이의 관계를 식으로 나타내면 **그림 1.6**과 같다.

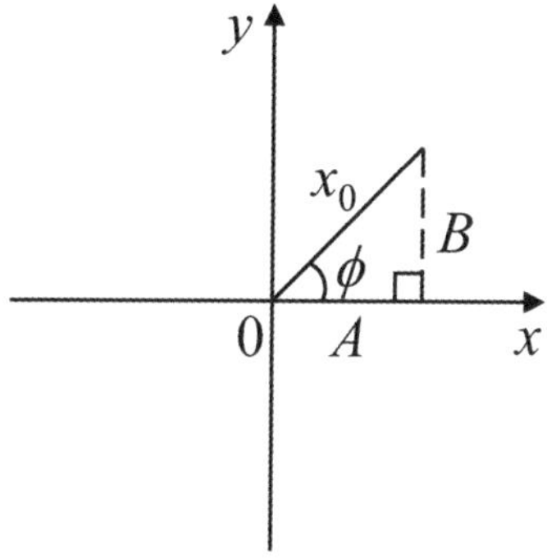

그림 1.6 상수 A, B와 상수 x_0, ϕ 사이의 관계

(1.14)와 (1.15)를 이용하여 일반 해 (1.6)을 다시 적으면

$$x(t) = x_0 \cos \omega_0 t \cos\phi + x_0 \sin \omega_0 t \sin \phi \tag{1.16}$$

가 된다. 이를 삼각함수 공식을 이용하여 간단히 하면 다음과 같이 나타낼 수 있다.

$$x(t) = x_0 \cos(\omega_0 t - \phi) \tag{1.17}$$

위와 같이 다시 적은 일반 해는, 두 개의 삼각함수가 아닌 하나의 삼각함수로 표현되어 있으므로 편리하다. (1.17)은 2차 미분방정식 (1.4)의 일반 해인 (1.6)의 두 번째 표현 방법이며, 수학적으로는 (1.6)과 완벽히 등가(equivalent)라고 말할 수 있다. (1.17)의 표현 방법을 이용하면 각진동수 ω_0을 매개로 한 진동 운동의 주기성이 좀 더 명확히 나타난다. (1.17)을 그래프로 나타낸 것이 **그림 1.7**이다.

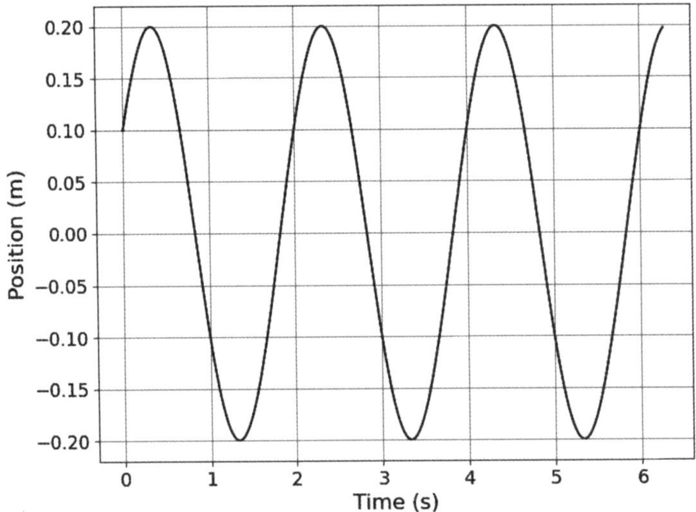

그림 1.7 $x(t) = x_0 \cos(\omega_0 t - \phi)$의 시간에 따른 그래프($x_0 = 0.2$ m, $\omega_0 = \pi$ rad/s, $\phi = \frac{\pi}{3}$ rad). $\omega_0 = \pi$ rad/s이므로 위상차 $\phi = \frac{\pi}{3}$ rad은 $\frac{1}{3}$ s의 시간 이동에 해당한다.

(1.17)에서 x_0을 **진폭(amplitude)**이라고 부르며 ϕ는 **위상 상수(phase constant)**라고

부른다. (1.6) 또는 (1.17)과 같이, 조화 함수라고 부르는 $\cos\theta$ 또는 $\sin\theta$로 일반 해를 나타낼 수 있으므로 이러한 운동을 **단순 조화 진동**이라고 부르는 것이다. 단순 조화 진동은 일단 시작되면 일정한 진폭과 주기성을 가지고 영원히 반복된다.

문제

(1.14)와 (1.15)는 A와 B를 x_0과 ϕ로 나타내고 있다. 반대로, x_0과 ϕ를 A와 B로 나타내면 어떻게 될까?

정답 $x_0 = \sqrt{A^2 + B^2}$, $\phi = \tan^{-1}\left(\frac{B}{A}\right)$

1.4 단순 조화 진동 일반 해의 복소수 표기법

단순 조화 진동의 일반 해인 $x(t) = x_0 \cos(\omega_0 t - \phi)$를 종종 복소수(complex number)를 이용하여 나타내기도 한다. 복소수에 대해 먼저 복습해 보자. 복소수란 실수뿐만 아니라 허수를 갖는 수이다. 보통 복소수는 다음과 같이 실수부(real part)와 허수부(imaginary part)를 갖는 z라는 문자로 나타낸다.

$$z = x + jy \tag{1.18}$$

여기서 j는 허수 단위를 나타낸다. 즉,

$$j = \sqrt{-1} \tag{1.19}$$

이다. 수학에서는 허수 단위로 i의 문자를 많이 쓰지만, 공학에서는 보통 j를 많이 사용한다. 전류를 i라는 문자로 나타내기 때문에 혼동을 피하기 위해서이다. 기하학적으로, 복소수는 2차원 평면의 점에 대응된다. 즉, 2차원 평면의 모든 점이 각각 복소수를 나타낸다고 생각할 수 있다. 이렇게 복소수를 나타내는 평면을 **복소평면(complex plane)**이라고 부른다. 복소수를 2차원 평면에 대응시킬 때, **그림 1.8**과 같이 보통 ***x*축을 실수 축, *y*축을 허수 축**으로 잡아 대응시킨다. (1.18)의 x, y가 2차원 평면 위의 점을 나타내는 직각 좌표 (x, y)에 대응되는 것이다. 이렇게 생각하면, (1.18)은 복소수를 복소평면 위에서 직각 좌표를 이용하여 나타낸 것이라고 볼 수 있다.

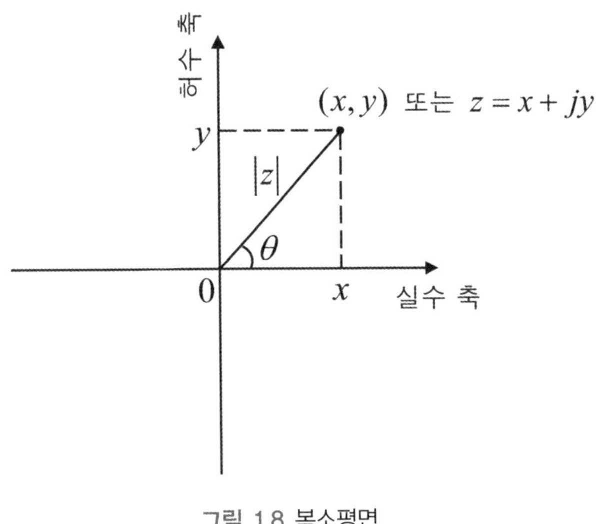

그림 1.8 복소평면

한편, 2차원 평면 위의 점을 나타내기 위해 직각 좌표(rectangular coordinates) 대신 **극좌표**(polar coordinates)를 사용할 수도 있다. **그림 1.8**에 이러한 극좌표 변수 $|z|$와 θ를 함께 나타냈다. $|z|$는 원점으로부터의 거리를 나타내며 θ는 x축과 이루는 각도를 나타낸다. 극좌표 $|z|$, θ는 **그림 1.8**을 참고하여 직각 좌표 x, y로부터 쉽게 구할 수 있다. 즉,

$$|z| = \sqrt{x^2 + y^2} \tag{1.20}$$

$$\theta = \tan^{-1}\left(\frac{y}{x}\right) \tag{1.21}$$

이다. $|z|$를 복소수 z의 크기(magnitude) 또는 모듈러스(modulus)라고 부르기도 한다. x축과 이루는 각도 θ는 편각(argument)이라는 이름도 있다. 한편, 반대로 극좌표 $|z|$와 θ로부터 $x = |z|\cos\theta$, $y = |z|\sin\theta$의 관계식을 이용하여 직각 좌표(실수부와 허수부)를 구할 수도 있다.

이제 극좌표를 이용하여 복소수 (1.18)을 다시 나타내 보자.

$$z = x + jy = |z|(\cos\theta + j\sin\theta) \tag{1.22}$$

$\cos\theta + j\sin\theta$는 무리수 e를 밑으로 하는 지수 함수를 이용하여 나타낼 수 있다. 즉,

$$e^{j\theta} = \cos\theta + j\sin\theta \tag{1.23}$$

(1.23)은 **Euler 공식**이라고 불리며, $\theta = \pi$일 때 수학에서 가장 아름다운 공식이라는 별명이 있다. $\theta = \pi$일 때 (1.23)은 $e^{j\pi} + 1 = 0$이 된다.

문제

Taylor 급수를 이용하여 Euler 공식 (1.23)이 성립함을 보이시오. 임의의 함수 $f(x)$를 $x = a$ 근처에서 전개한 Taylor 급수는 다음과 같다.

$$f(x) = f(a) + \left.\frac{df}{dx}\right|_{x=a}(x-a) + \frac{1}{2!}\left.\frac{d^2f}{dx^2}\right|_{x=a}(x-a)^2 + \frac{1}{3!}\left.\frac{d^3f}{dx^3}\right|_{x=a}(x-a)^3 + \cdots \tag{1.24}$$

문제

다음의 복소수를 극좌표를 이용하여 나타내시오.

(1) j

(2) $\frac{1}{\sqrt{2}} + j\frac{1}{\sqrt{2}}$

(3) -1

정답 (1) $e^{j\frac{\pi}{2}}$, (2) $e^{j\frac{\pi}{4}}$, (3) $e^{j\pi}$

Euler 공식 (1.23)을 이용하여 (1.22)를 다시 적으면

$$z = |z|e^{j\theta} \tag{1.25}$$

가 된다. 복소수 z를 극좌표로 나타낸 (1.25)는 반드시 알아야 하는 식이다. 복소수 z의 허수부 부호를 바꾼 수를 **켤레복소수**(complex conjugate)라고 하며, 보통 z^*로 나타낸다. 켤레복소수를 식으로 나타내면 다음과 같다.

$$z^* \equiv x - jy = |z|e^{-j\theta} \tag{1.26}$$

극좌표 표현에서 각도 θ가 $-\theta$로 바뀜에 유의하자.

문제

$\frac{1}{z}$을 z의 극좌표 표현 (1.25)를 이용하여 나타내시오.

정답 $\frac{1}{z} = \frac{1}{|z|}e^{-j\theta}$

단순 조화 운동을 나타내는 (1.17)을 복소수를 이용하여 종종 다음과 같이 나타낸다. 이를 **복소수 표기법**(complex representation)이라고 부른다.

$$x(t) = x_0 e^{j(\omega_0 t - \phi)} \text{ 또는 } x(t) = x_0 \exp[j(\omega_0 t - \phi)] \tag{1.27}$$

(1.27)은 $e^{j\theta}$의 실수부가 $\cos\theta$임에 착안한 표기법이다. 원래 실수인 물리량 $x_0\cos(\omega_0 t - \phi)$를 (1.27)과 같이 복소수 $x_0 e^{j(\omega_0 t - \phi)}$로 나타내지만, 이 복소수의 **실수부가 실제 물리량**을 나타냄을 항상 기억하면 된다. 엄밀히 얘기하자면,

$$x(t) = \mathrm{Re}\left[x_0 e^{j(\omega_0 t - \phi)}\right] \tag{1.27'}$$

가 좀 더 정확한 표기이다. 여기서 Re는 복소수의 실수부를 취함을 의미한다. 하지만 Re를 생략하고 종종 (1.27)과 같이 쓴다. (1.27)로 나타낸 단순 조화 운동에는 필요 없는 허수부가 있지만, e를 밑으로 하는 지수 함수의 유용한 성질 때문에 여러 계산(특히 미적분)을 매우 간단하게 해주는 장점이 있다. 지수 함수를 미분(또는 적분)하면 여전히 같은 지수 함수이기 때문이다.

복소수 표기법의 장점을 알아보기 위해 단순 조화 운동 진동자의 위치로부터 속도를 구하는 경우를 생각해 보자. (1.17)을 시간에 대해 미분하면 다음을 얻는다.

$$\dot{x}(t) = -\omega_0 x_0 \sin(\omega_0 t - \phi) \tag{1.28}$$

이렇게 얻은 진동자의 **속도와 위치 사이의 위상차**는 얼마일까? 앞에서 얘기했듯 sin 또는 cos 함수가 갖는 각 변수를 위상이라고 부르는데, 위상 값에 따라 주기 함수인 sin과 cos 값이 달라진다. 위상차가 얼마인지 알아보기 위해 x와 $\dot{x}$의 그림을 그려보면 **그림 1.9**와 같다.

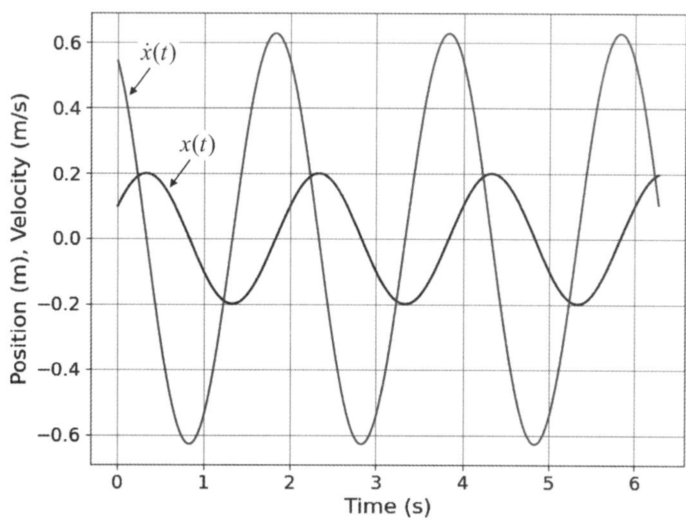

그림 1.9 x와 $\dot{x}$를 함께 그린 그래프($x_0 = 0.2$ m, $\omega_0 = \pi$ rad/s, $\phi = \frac{\pi}{3}$ rad). $\omega_0 = \pi$ rad/s이므로 $\frac{\pi}{2}$ rad의 위상은 0.5 s의 시간에 해당한다.

그림 1.9를 보면 x를 **왼쪽으로 $\frac{\pi}{2}$만큼 평행이동**하면 $\dot{x}$와 같은 위상을 가짐을 알 수 있다. 이 경우 위치 x에 대한 속도 $\dot{x}$의 위상차는 $-\frac{\pi}{2}$라고 말한다. 오른쪽으로 평행이동할 경우의 위상차를 양(+)으로 나타내기 때문이다. 식으로는 다음과 같이 나타낼 수 있다.

$$\begin{aligned}\dot{x}(t) &= -\omega_0 x_0 \sin(\omega_0 t - \phi) \\ &= \omega_0 x_0 \cos\left(\omega_0 t - \phi + \frac{\pi}{2}\right)\end{aligned} \tag{1.29}$$

이제 복소수 표기법을 이용해 보자. 이 경우 속도는

$$\begin{aligned}\dot{x}(t) &= j\omega_0 x_0 e^{j(\omega_0 t - \phi)} \\ &= \omega_0 x_0 e^{j\left(\omega_0 t - \phi + \frac{\pi}{2}\right)}\end{aligned} \tag{1.30}$$

라고 적을 수 있다. (1.28)에서는 $\cos$을 미분하여 $\sin$을 얻었으며, 이를 다시 $\cos$으로 바꿔서 위상차를 적기 위해 그림을 그리거나 삼각함수 간의 관계식을 고민해야 하지만, 복소수 표기법을 이용하면 $j = e^{j\frac{\pi}{2}}$라는 수학적 사실을 이용하여 바로 위상차를 적을 수 있음을 알 수 있다.

연습

단순 조화 운동 $x(t) = \cos\omega_0 t + \sqrt{3}\sin\omega_0 t$를 복소수 표기법을 이용하여 적으시오.

풀이 (1.14)와 (1.15)의 관계식을 이용하면

$$x_0 = 2,\ \phi = \frac{\pi}{3}$$

를 얻는다. 즉,

$$x(t) = 2\cos\left(\omega_0 t - \frac{\pi}{3}\right)$$

이다. 그림 1.10을 참고하라. 이 함수를 복소수를 이용하여 나타내면

$$x(t) = 2e^{j\left(\omega_0 t - \frac{\pi}{3}\right)}$$

가 된다.

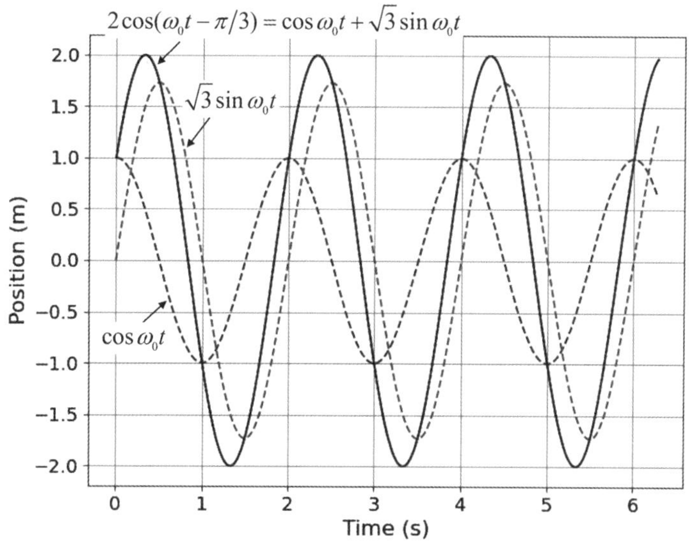

그림 1.10 동일한 진동수를 갖는 두 조화 함수의 합은 또 다른 동일 진동수의 조화 함수로 표현된다($\omega_0 = \pi \text{ rad/s}$).

1.5 단순 조화 진동의 예: 직렬 LC 회로

앞에서는 주로 단순 조화 운동의 역학적 예를 살펴봤지만 그 외에도 다른 많은 예들이 있으며, 특히 전기 회로는 단순 조화 운동을 이용하여 이해할 수 있는 매우 중요한

예이다. **그림 1.11**과 같이 유도기와 축전기가 직렬 연결된 회로를 생각해 보자. 유도기의 유도용량은 L이고 축전기의 전기용량은 C이다. 이러한 회로를 **직렬 LC 회로**라고 한다. 어느 순간 축전기에 저장되어 있는 전하가 q이고 전류 i가 그림과 같이 흐르고 있다고 가정하자.

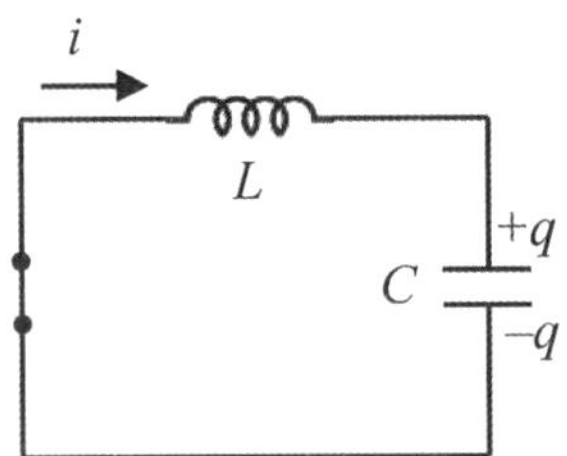

그림 1.11 직렬 LC 회로

회로를 한 바퀴 돌며 Kirchhoff의 전압 법칙을 적용하면 다음과 같은 식을 얻는다.

$$-L\frac{di}{dt}-\frac{q}{C}=0 \tag{1.31}$$

첫 번째 항은 전류의 변화를 방해하는 유도기로 인한 전압 강하이며, 두 번째 항은 축전기의 극판 사이의 전압 강하이다. 우변은 회로를 한 바퀴 돌며 **원래 위치**로 되돌아 왔으므로 전압 변화가 없음을 나타낸다. (1.31)은 **그림 1.11**과 같은 상황에서 $-L\dfrac{di}{dt}$ 항이 양수임을 알려준다. 그래야만 우변에 0이 나올 수 있기 때문이다. 회로에 흐르는 전류와 축전기에 저장된 전하 사이에는 $i=\dfrac{dq}{dt}$의 식이 성립한다. 전류란 단위 시간(1 s) 동안 흘러가는 전하의 양인데, **그림 11**과 같이 전류가 흐르면 축전기에 쌓이는 q가 증가하기 때문이다. 전류와 전하 사이의 관계식을 이용하여 (1.31)을 다시 적으면

$$\frac{d^2q}{dt^2}+\frac{1}{LC}q=0 \tag{1.32}$$

이 된다. (1.32)를 Newton의 표기법을 이용하여 다음과 같이 다시 적자.

$$\ddot{q} + \omega_0^2 q = 0 \tag{1.33}$$

이 경우

$$\omega_0 \equiv \frac{1}{\sqrt{LC}} \tag{1.34}$$

이다. 물리적 의미는 달라졌지만, (1.33)은 (1.4)와 수학적으로 완벽하게 동일한 단순 조화 진동을 나타내는 방정식임을 알 수 있다. (1.3)과 (1.31)을 비교하면 다음과 같은 대응 관계가 존재한다고 말할 수 있다.

$$\begin{aligned} x &\leftrightarrow q \\ \dot{x} &\leftrightarrow i \\ m &\leftrightarrow L \\ k &\leftrightarrow \frac{1}{C} \end{aligned}$$

역학적 진동자에서 관성을 나타내는 m이 회로에서는 유도용량 L로 바뀌었으며, 복원력의 정도를 나타내는 k가 회로에서는 $1/C$로 바뀌었다. 전기용량이 큰 축전기는 왜 용수철 상수가 작은 경우에 대응될지 생각해 보라.

축전기에 저장된 전하량 q에 대한 2차 미분방정식인 (1.33)의 일반 해는 복소수 표현을 이용하여 다음과 같이 적을 수 있다.

$$q(t) = q_0 e^{j(\omega_0 t - \phi)} \tag{1.35}$$

여기서 q_0와 ϕ는 물론 초기 조건이 주어지면 구할 수 있다. 일반 해 (1.35)는 축전기에 저장된 전하 q가 (1.34)의 각진동수로 진동함을 알려준다. (1.35)로부터 회로에 흐르는 전류 i를 구하면

$$i(t) = \frac{dq}{dt} = j\omega_0 q_0 e^{j(\omega_0 t - \phi)} \tag{1.36}$$
$$= \omega_0 q_0 e^{j\left(\omega_0 t - \phi + \frac{\pi}{2}\right)}$$

를 얻을 수 있다. 이는 전류도 전하와 같은 각진동수로 진동하지만 위상차가 있음을 알려준다. **그림 1.12**는 이를 그림으로 나타낸 것이다.

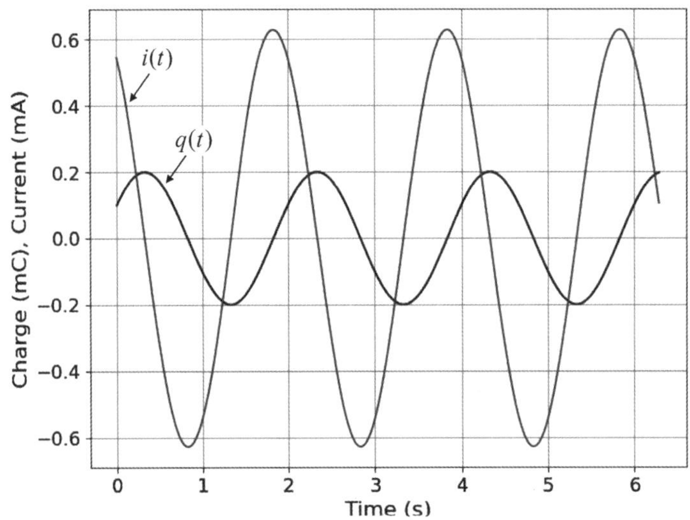

그림 1.12 직렬 LC 회로의 축전기에 저장 된 전하와 흐르는 전류를 나타낸 그래프
($q_0 = 0.2\,\mathrm{mC}$, $\omega_0 = \pi\,\mathrm{rad/s}$, $\phi = \frac{\pi}{3}\,\mathrm{rad}$, $\mathrm{mC} = 10^{-3}\mathrm{C}$)

1.6 단순 조화 진동의 에너지

이제 에너지의 측면에서 진동 운동을 이해해 보자. 먼저 **그림 1.3**의 용수철 진동자를 생각하자. 용수철 진동자가 가진 역학적 에너지는 질량 m인 물체의 운동에너지(kinetic energy)와 용수철의 퍼텐셜에너지(potential energy)로 구성된다. 운동에너지를 T, 퍼텐셜에너지를 U라는 문자로 나타내자. 운동에너지를 구하기 위해서는 물체의 속도가 필요하며, 이는 (1.28)에서 이미 구한 바 있다.

$$T = \frac{1}{2}m\dot{x}^2 = \frac{1}{2}m\omega_0^2 x_0^2 \sin^2(\omega_0 t - \phi) = \frac{1}{2}k x_0^2 \sin^2(\omega_0 t - \phi) \tag{1.37}$$

$$U = \frac{1}{2}kx^2 = \frac{1}{2}k x_0^2 \cos^2(\omega_0 t - \phi) \tag{1.38}$$

(1.37)에서는 (1.5)를 사용하여 $m\omega_0^2$을 용수철 상수 k로 다시 표현했다. **그림 1.13**은 용수철 진동자의 운동에너지와 퍼텐셜에너지를 시간에 따라 나타낸 것이다. 운동에너지가 최대일 때 퍼텐셜에너지는 최소가 되며, 반대로, 퍼텐셜에너지가 최대일 때 운동에너지는 최소가 됨을 알 수 있다.

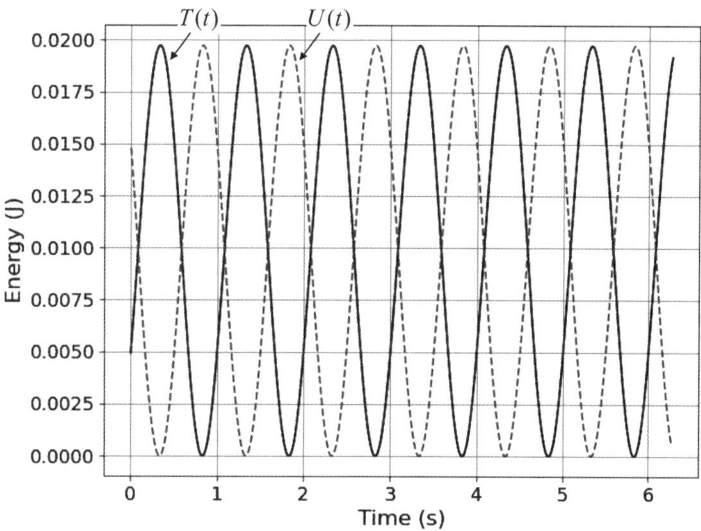

그림 1.13 용수철 진동자의 운동에너지와 퍼텐셜에너지($m = 0.1\,\mathrm{kg}$, $x_0 = 0.2\,\mathrm{m}$, $\omega_0 = \pi\,\mathrm{rad/s}$, $\phi = \frac{\pi}{3}\,\mathrm{rad}$)

용수철 진동자가 가진 총 역학적 에너지 E_{spring}은

$$E_{\mathrm{spring}} = T + U = \frac{1}{2}k x_0^2 = \frac{1}{2}m\omega_0^2 x_0^2 \tag{1.39}$$

으로 구할 수 있으며 **보존**됨을 알 수 있다. 즉, 마찰 없는 용수철 진동자는 운동에너지와

퍼텐셜에너지가 서로 **변환되며 보존**되어 영원히 운동한다.

그림 1.11에 나와 있는 LC 회로에 대해서도 마찬가지로 생각해 보자. 이 경우, (1.36)에 나온 전류의 복소수 표현을 이용할 수 있다. 물리량의 복소수 표현을 이용할 때 주의할 점은, **제곱이 필요할 경우 복소수 표현을 그냥 제곱하면 안 된다**는 것이다. 원래 표현하고자 하는 물리량인 **실수부를 가져와서 제곱**해야 한다. 이제 LC 회로의 에너지를 구하자. LC 회로의 에너지는 유도기에 저장된 에너지와 축전기에 저장된 에너지가 있다. 이 에너지를 각각 U_L과 U_C로 나타내면 다음과 같다.

$$U_L = \frac{1}{2}Li^2 = \frac{1}{2}L\omega_0^2 q_0^2 \sin^2(\omega_0 t - \phi) = \frac{1}{2}\frac{q_0^2}{C}\sin^2(\omega_0 t - \phi) \tag{1.40}$$

$$U_C = \frac{1}{2}\frac{q^2}{C} = \frac{1}{2}\frac{q_0^2}{C}\cos^2(\omega_0 t - \phi) \tag{1.41}$$

이 경우, 회로에 저장된 총 에너지(퍼텐셜에너지)는 E_{LC}는

$$E_{LC} = U_L + U_C = \frac{1}{2}\frac{q_0^2}{C} = \frac{1}{2}L\omega_0^2 q_0^2 \tag{1.42}$$

이며, 용수철 진동자의 경우와 마찬가지로 총 에너지가 보존됨을 알 수 있다. $x \leftrightarrow q$, $\dot{x} \leftrightarrow i$, $m \leftrightarrow L$, $k \leftrightarrow \frac{1}{C}$의 대응 관계를 고려해서 LC 회로를 역학적으로 생각해보면, 이 회로 내에서 일어나는 진동 운동에 대한 새로운 통찰을 얻을 수 있다. 실제로는 반대로, 역학 문제를 회로 문제로 치환해서 생각하는 경우가 종종 있다. 복잡한 역학적 시스템의 경우, 회로로 변환하여 시뮬레이션하는 것이 더 쉽기 때문이다.

2

감쇠 진동

1장에서는 이상적인 단순 조화 진동에 대해 살펴보았다. 이제 더 실제적인 경우를 생각해 보자. 모든 실제적 진동 운동에는 '마찰'의 역할을 하는 요소가 있으며, 이 마찰로 인해 결국 진동 운동은 멈추게 된다. 이 때 마찰은 진동 운동의 에너지를 소모시켜 열 에너지를 발생시킨다. 열 에너지까지 포함할 경우, 진동 운동이 일어나는 계의 에너지는 여전히 보존되지만, 진동 운동의 에너지(예: 물체의 운동에너지와 용수철의 퍼텐셜에너지)만 고려할 경우 에너지는 보존되지 않는다. 진동자의 에너지(역학적 진동자의 경우는 운동에너지와 퍼텐셜에너지의 합)가 모두 열로 소모되면 진동 운동은 멈추게 된다.

2.1 마찰의 역할

마찰은 영어로 보통 'friction'이라고 하지만, 좀 더 일반적으로 진동 운동을 **감쇠**시킨다는 의미에서 'damping'이라고 부르기도 한다. 마찰의 역할은 운동을 '방해'하는 것이다. 방해란 운동 방향의 반대로 힘을 작용함을 의미한다. 또한, 물체가 정지했을 경우는 마찰이 작용하지 않는다. 이러한 마찰의 성질을 고려하면 가장 간단한 마찰력(또는 감쇠력)은 다음과 같이 나타낼 수 있음을 알 수 있다.

$$F_d = -b\dot{x} \tag{2.1}$$

여기서 F_d는 마찰력(damping force)을 의미하며 **b는 양의 상수**이다. $\dot{x}$가 물체의 속도임을 상기하자. (2.1)에서 음의 부호는 운동의 방향(속도의 방향)과는 **반대**로 작용하는 마찰력의 성질을 나타내고 있다. 예컨대, $\dot{x}$가 양이면 F_d는 음이 된다. 속도가 0이면 마찰력은 작용하지 않는다.

2.2 감쇠 진동자

이제 (2.1)의 마찰력을 포함하여 진동 운동을 기술해 보자. 이 경우 물체에 작용하는 모든 힘 F는

$$F = -kx - b\dot{x} \tag{2.2}$$

으로 나타낼 수 있다. (2.2)를 이용하여 운동 방정식을 적으면

$$m\ddot{x} = -kx - b\dot{x} \tag{2.3}$$

이 된다. 우변을 좌변으로 옮기고 간단히 정리하면

$$\ddot{x} + 2\beta\dot{x} + \omega_0^2 x = 0 \tag{2.4}$$

과 같은 형태로 적을 수 있다. 여기서 β는 감쇠 매개변수(damping parameter)라고 하며, 다음과 같이 정의된다.

$$\beta \equiv \frac{b}{2m} \tag{2.5}$$

(2.4)로 기술되는 물체를 **감쇠 진동자(damped oscillator)**라 부른다. (2.4)는 여전히 2차 미분방정식이며, 단순 조화 진동을 나타내는 방정식인 (1.4)에 비해 감쇠를 나타내는 두 번째 항이 추가됐음을 알 수 있다. (2.4)와 같은 미분방정식은 지수 함수가 만족함을 알 수 있는데, 해를 구하기 위해

$$x \sim e^{rt} \tag{2.6}$$

와 같이 놓자. 여기서 '$\sim$'은 비례함을 나타내며 r은 상수, 변수인 t는 시간이다. 결국 (2.6)과 같이 x가 지수 함수라고 가정해서 미분방정식 (2.4)를 만족하도록 미지수 r을 구하는 것이 미분방정식의 해를 결정하는 방법이다.

이제 (2.6)을 (2.4)에 대입하자. 즉, (2.6)을 (2.4)에 넣어 시간에 대해 미분하고 공통으로 있는 지수 함수 e^{rt}를 약분한다. 그러면

$$r^2 + 2\beta r + \omega_0^2 = 0 \tag{2.7}$$

의 2차 방정식을 얻는다. 이와 같은 2차 방정식을 이 미분 방정식의 **특성 방정식**(characteristic equation)이라고 부르기도 한다. 이 2차 방정식의 해를 근의 공식을 이용하여 적으면

$$r = -\beta \pm \sqrt{\beta^2 - \omega_0^2} \tag{2.8}$$

이 된다. 위와 같이 얻은 2차 방정식의 해 2개를 각각 r_1, r_2라고 하고 아래와 같이 정의하자.

$$\begin{aligned} r_1 &= -\beta + \sqrt{\beta^2 - \omega_0^2} \\ r_2 &= -\beta - \sqrt{\beta^2 - \omega_0^2} \end{aligned} \tag{2.9}$$

이제 2차 미분방정식 (2.4)의 일반 해는 다음과 같이 적을 수 있다.

$$\begin{aligned} x(t) &= A_1 e^{r_1 t} + A_2 e^{r_2 t} \\ &= e^{-\beta t}\left(A_1 e^{\sqrt{\beta^2 - \omega_0^2}\,t} + A_2 e^{-\sqrt{\beta^2 - \omega_0^2}\,t}\right) \end{aligned} \tag{2.10}$$

여기서 A_1, A_2는 임의의 상수이며, 초기 조건으로부터 구할 수 있다. (2.10)은 제곱근 안에 있는 β^2과 ω_0^2의 상대적 크기에 따라 다음의 3가지 경우로 나누어 생각할 수 있다.

$$\beta^2 < \omega_0^2 \ : \text{저감쇠} \tag{2.11}$$

$$\beta^2 = \omega_0^2 \ : \text{임계 감쇠} \tag{2.12}$$

$$\beta^2 > \omega_0^2 \ : \text{과감쇠} \tag{2.13}$$

각각의 경우에 이름이 붙어 있는데, 자연 각진동수 ω_0과 비교하여 마찰 매개변수 β가 작거나, 같거나, 큰 경우를 각각 저감쇠(underdamping), 임계 감쇠(critical damping), 과감쇠(overdamping)라 하자.

2.3 감쇠 진동의 3가지 경우

2.3.1 저감쇠

먼저 (2.11)의 저감쇠 경우부터 살펴보자. 저감쇠의 경우는 (2.10)의 제곱근 안이 음수가 되므로 지수가 허수가 됨을 알 수 있다. 이때의 허수를 ω_1이라 하자. 즉,

$$\sqrt{\beta^2 - \omega_0^2} = j\sqrt{\omega_0^2 - \beta^2} \equiv j\omega_1 \tag{2.14}$$

(2.14)로 정의된 ω_1을 이용하여 (2.10)을 다시 나타내 보면

$$x(t) = e^{-\beta t}\left(A_1 e^{j\omega_1 t} + A_2 e^{-j\omega_1 t}\right) \tag{2.15}$$

가 된다. 괄호 안의 식은 다음과 같이 간단히 할 수 있다.

$$\begin{aligned} A_1 e^{j\omega_1 t} + A_2 e^{-j\omega_1 t} &= (A_1 + A_2)\cos\omega_1 t + j(A_1 - A_2)\sin\omega_1 t \\ &= A\cos\omega_1 t + B\sin\omega_1 t \end{aligned} \tag{2.16}$$

위에서

$$\begin{aligned} A &\equiv A_1 + A_2 \\ B &\equiv j(A_1 - A_2) \end{aligned} \tag{2.17}$$

라는 새로운 상수를 도입하여 다시 적었다. (2.16)의 $A\cos\omega_1 t + B\sin\omega_1 t$은 1장에서 살펴본 대로 하나의 cos 함수로 다시 나타낼 수 있다. 이를 이용하면 (2.15)는 다음처럼 다시 적을 수 있다.

$$x(t) = e^{-\beta t} x_0 \cos(\omega_1 t - \phi) \tag{2.18}$$

(2.18)은 저감쇠의 경우, 시간이 흐름에 따라 진폭이 $e^{-\beta t}x_0$와 같이 줄어들지만(감쇠하지만), 물체는 ω_1이라는 진동수로 여전히 진동함을 알려준다. 새롭게 정의된 각진동수

$$\omega_1 = \sqrt{\omega_0^2 - \beta^2} \tag{2.19}$$

이 자연 각진동수 ω_0보다 작음에 유의하자. 즉, 저감쇠의 경우, 진폭이 줄어들며 진동 운동이 일어나기는 하지만, 마찰로 인하여 그 진동수가 줄어듦을 알 수 있다. (2.18)로 표현되는 진동 운동은, 주기만큼의 시간이 지난 후 **원래의 위치**로 되돌아오는 엄밀한 의미의 진동 운동이라고 할 수는 없다. 하지만 여전히 평형점을 기준으로 왔다 갔다 하는 왕복운동을 하므로 넓은 의미에서 진동 운동이라고 할 수 있다. 과소 감소의 예로 다음 페이지의 **그림 2.1**을 참조하라.

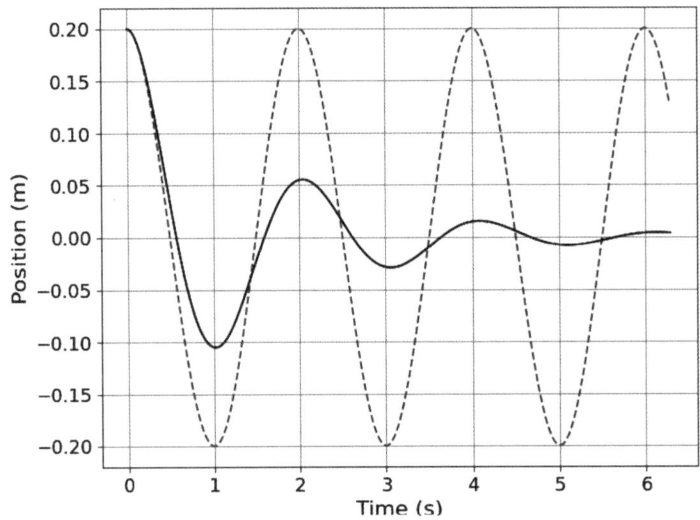

그림 2.1 $x(t) = a\cos\omega_0 t$ ($a = 0.2\ \mathrm{m}$, $\omega_0 = \pi\ \mathrm{rad/s}$, 점선)에 감쇠 매개변수 $\beta = 0.2\,\omega_0$이 도입되었을 때 저감쇠 운동의 모습

고찰

(2.17)로 정의된 새로운 상수 A, B는 실수이다. 왜 그럴까?

(2.15)로 표현된 위치 x가 실수이기 때문이다. 임의의 복소수 z가 실수인 경우,

$$z = z^* \tag{2.20}$$

를 만족한다. z^*는 z의 켤레복소수를 나타내며 $z^* = x - jy$임을 상기하자. 실수란 허수부가 없는 수를 말하므로, (2.20)이 성립해야 한다. (2.15)의 x가 실수란 사실로부터

$$e^{-\beta t}\left(A_1 e^{j\omega_1 t} + A_2 e^{-j\omega_1 t}\right) = e^{-\beta t}\left(A_1^* e^{-j\omega_1 t} + A_2^* e^{j\omega_1 t}\right)$$

라고 적을 수 있으며, 좌변과 우변을 비교하면

$$A_2 = A_1^* \tag{2.21}$$

란 결론을 얻는다. 즉, A_1과 A_2는 서로 켤레복소수 관계이다. (2.17)의 정의는 $A = A_1 + A_2$이므로, A는 어떤 수와 그 수의 켤레복소수의 합으로 정의된 것이다. 자기 자신의 켤레복소수와 더하면 실수부만 남으므로 A는 실수이다.

$B = j(A_1 - A_2)$로 정의된 B는 왜 실수가 되는지 생각해 보라.

2.3.2 임계 감쇠

이제 임계 감쇠의 경우에 대해 생각해 보자. $\beta^2 = \omega_0^2$이므로, $r = -\beta$이고 $x \sim e^{rt}$로부터 하나의 해만을 얻을 수 있다. 즉,

$$x \sim e^{-\beta t} \tag{2.22}$$

이다. 이와 같이 특성 방정식이 중근(double root)을 가져서 하나의 해만을 얻는 경우, 또 다른 해는 $te^{-\beta t}$임이 알려져 있다.

문제

$\beta^2 = \omega_0^2$ 인 경우, $x \sim te^{-\beta t}$가 $\ddot{x} + 2\beta\dot{x} + \omega_0^2 x = 0$을 만족함을 보이시오.

종합하면, 임계 감쇠의 경우 일반 해는 다음과 같이 적을 수 있다.

$$x(t) = (C_1 + C_2 t)e^{-\beta t} \tag{2.23}$$

여기서 C_1과 C_2는 임의의 상수이다. (2.23) 우변 괄호 안의 항은 t에 대한 1차 함수로

시간이 흐름에 따라 증가하지만, $e^{-\beta t}$가 급격히 감소하므로 결국 시간이 흐르면 0으로 감을 알 수 있다. 즉, 진동자는 결국 평형점에 정지하게 된다. 임계 감쇠의 경우, 저감쇠의 경우와 달리 아무런 왕복 운동 없이 정지한다.

2.3.3 과감쇠

마지막으로, $\beta^2 > \omega_0^2$인 과감쇠의 경우를 살펴보자. 이 경우, (2.10)의 제곱근 안은 양수이다. 제곱근을 ω_2라는 새로운 값으로 정의하자. 즉,

$$\omega_2 \equiv \sqrt{\beta^2 - \omega_0^2} \tag{2.24}$$

라고 하자. 이 경우,

$$\begin{aligned} x(t) &= e^{-\beta t}\left(A_1 e^{\omega_2 t} + A_2 e^{-\omega_2 t}\right) \\ &= A_1 e^{-(\beta - \omega_2)t} + A_2 e^{-(\beta + \omega_2)t} \end{aligned} \tag{2.25}$$

임을 알 수 있다. (2.24)에서 각진동수를 나타내는 ω라는 문자를 썼지만, 사실 ω_2는 각진동수가 아니며, **진동 운동과는 아무런 상관이 없다**. (2.25)를 살펴보면, 첫 번째 항의 지수 $\beta - \omega_2$는 양수이며 $\beta + \omega_2$보다 훨씬 작아, 첫 번째 항보다 두 번째 항이 훨씬 빨리 0에 접근함을 알 수 있다. 그러므로 시간이 흘렀을 때, **여전히 남아 있는 항은 첫 번째 항**이며, 첫 번째 항이 전체 운동을 좌우함을 알 수 있다.

감쇠의 3가지 경우를 **그림 2.2**에 함께 나타냈다. 저감쇠와 달리 임계 감쇠와 과감쇠는 모두 진동 없이 0으로 가며, 과감쇠보다 임계 감쇠가 더 빨리 0으로 감을 볼 수 있다. 가장 빨리 진동을 없애려면 임계 감쇠를 도입해야 한다.

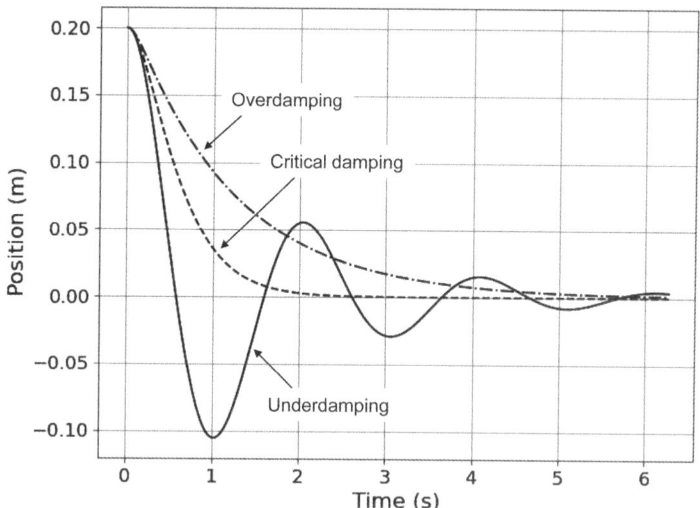

그림 2.2 감쇠 진동자의 3가지 경우를 시간에 따라 나타낸 그래프($a = 0.2\ \mathrm{m}$에서 가만히 놓았을 경우, $\omega_0 = \pi\ \mathrm{rad/s}$). 감쇠 매개변수 β는 각각 $0.2\omega_0$, ω_0, $2\omega_0$이다.

2.4 감쇠 진동의 예: 직렬 RLC 회로

감쇠 진동의 회로 예로는 **그림 2.3**의 직렬로 연결된 RLC 회로를 들 수 있다. **그림 1.11**의 직렬 LC 회로에 저항기가 추가된 것이다. 저항값 R를 갖는 저항기는 전류의 흐름을 방해하며 에너지를 소모하여 조화 진동이 감쇠하도록 만든다.

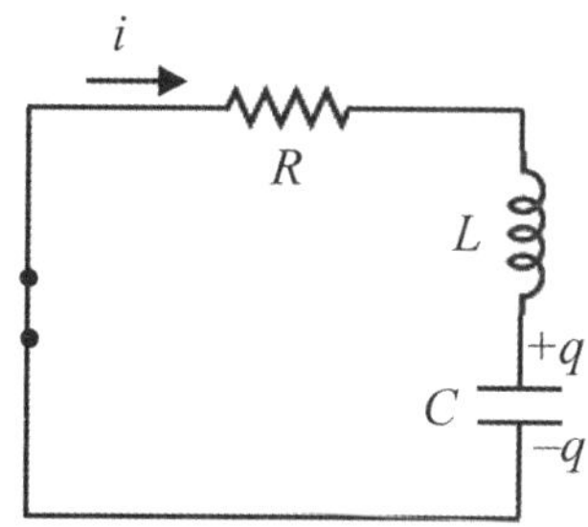

그림 2.3 직렬로 연결된 RLC 회로

회로에 Kirchhoff의 전압 법칙을 적용하면 다음의 식을 얻는다.

$$-iR - L\frac{di}{dt} - \frac{q}{C} = 0 \tag{2.26}$$

i는 그림과 같이 회로에 흐르는 전류이며, q는 축전기에 저장된 전하량이다. $i = \dot{q}$이므로 전하량 q에 대해 정리하면

$$L\ddot{q} + R\dot{q} + \frac{q}{C} = 0 \tag{2.27}$$

이 된다. 양변을 L로 나누고 정리하면

$$\ddot{q} + 2\beta\dot{q} + \omega_0^2 q = 0 \tag{2.28}$$

로 다시 적을 수 있다. 여기서

$$\beta \equiv \frac{R}{2L} \tag{2.29}$$

이며, ω_0은 (1.34)와 마찬가지로 $\omega_0 = 1/\sqrt{LC}$ 로 정의된다. (2.28)로 정리된 식은 수학적으로 볼 때 (2.4)와 완벽하게 동일하다. x 대신 q에 대한 2차 미분방정식이며, β와 ω_0이 다르게 정의되었음에도 불구하고 2.2와 2.3절에서 논의한 내용을 그대로 가져다 쓸 수 있다. 직렬 RLC 회로에서도 (2.29)로 정의된 감쇠 매개변수 β와 (1.34)로 정의된 ω_0의 상대적 크기에 따라 감쇠의 모양이 달라지게 된다.

3
강제 진동과 공명

단순 조화 진동자에 외부에서 주기적 힘을 가해주는 경우를 생각해 보자. 외부에서 진동자에 가해 주는 힘을 보통 **구동력**(driving force)이라는 이름으로 부른다. 외부에서 구동력을 가해줄 경우, 진동자는 자연 진동에 구동력으로 인한 운동이 겹쳐진 운동을 하게 된다. 특히 구동력이 $\cos$과 같은 주기적 조화 함수로 주어진다고 가정해 보자. 이 경우 두 개의 각진동수가 존재하게 되는데, 자연 각진동수 ω_0과 구동력의 각진동수 ω가 그것이다. 진동자는 이 2개의 각진동수로 진동하는 운동이 겹쳐진 모습을 보인다. 외부에서 가해주는 구동력으로 인한 진동 운동을 **강제 진동**(driven oscillation)이라고 한다. 특히 이 2개의 각진동수가 같은 경우, 진동자 고유의 진동 주기에 맞추어 외부에서 힘을 가하므로 진폭이 점점 늘어나게 되는 **공명**(resonance) 현상을 보인다. 공명으로 이해할 수 있는 다양한 현상이 우리 주변에 있으며, 인간은 공명을 이용한 다양한 장치를 만들어 유용하게 사용하고 있다. 관악기나 현악기에서 발생하는 소리들은 모두 공명 현상을 이용한 것이며, 특히 레이저(laser)와 같은 장치 또한 공명 현상을 이용한 것이다. 이번 장에서는 강제 진동을 시킬 경우 발생하는 공명에 대해 살펴보겠지만, 이후에는 파동(5장)의 중첩으로 발생하는 공명(7장)에 대해 알아볼 예정이다. 모든 물리계에는 본래 잘 진동하는 고유한 진동수가 있다는 점을 일단 기억하자.

3.1 강제 진동 – 마찰이 없는 경우

이제 강제 진동을 수학적으로 다뤄보자. 구동력이 각진동수 ω를 갖는 $\cos$ 함수로 가해진다고 생각해 보자. 이 경우 구동력 F_{driving}은

$$F_{\text{driving}} = F_0 \cos \omega t \tag{3.1}$$

라고 쓸 수 있다. F_0은 구동력의 진폭을 나타내는 양의 상수이다. **마찰이 없는 이상적 경우**를 먼저 생각해 보자. 이 경우 복원력 (1.1)에 (3.1)의 구동력을 더해 운동방정식을 적으면 다음과 같다.

$$m\ddot{x} = -kx + F_0 \cos \omega t \tag{3.2}$$

구동력만 우변에 남겨두고 x와 x를 미분한 항들을 좌변에 모은 후 정리하면

$$\ddot{x} + \omega_0^2 x = \frac{F_0}{m} \cos \omega t \tag{3.3}$$

를 얻는다. 자연 각진동수는 (1.5)와 마찬가지로 $\omega_0 = \sqrt{k/m}$ 으로 정의된다. (3.3)은 1장에서 살펴본 기본 방정식 (1.4)와 비교하여 구동력이 추가되어 우변이 0이 아니라는 차이가 있다. 좌변은 x와 x를 미분한 항들이지만, 우변에 구동력을 나타내는 함수가 있다. 이와 같이 x와 x를 미분한 항들을 좌변으로 모은 후 우변이 0이 아닌 미분방정식을 비동차 미분방정식(nonhomogeneous differential equation)이라고 한다. x와 x를 미분한 항들 외의 항이 존재하는 미분방정식이라는 의미이다. 반면, 우리가 그동안 많이 살펴본 (1.4)와 같은 방정식은 동차 미분방정식(homogeneous differential equation)이라는 이름으로 부른다.

(3.3)과 같은 비동차 미분방정식의 해는 일반적으로 두 부분으로 구성된다. 즉, 1) 우변을 0으로 놓은 동차 미분방정식[예: (1.4)]의 해인 **보조해(complementary solution)**와 2) 0이 아닌 우변까지 포함[예: (3.3)]하여 풂은 **특수해(particular solution)**의 합이 비동차 미분방정식의 해이다. 식으로 표현하면 다음과 같다.

$$x(t) = x_c(t) + x_p(t) \tag{3.4}$$

위에서 $x_c(t)$가 보조해, $x_p(t)$가 특수해이다. 보조해는 미분방정식에 넣었을 때 우변을 0으로 만들므로, 미분방정식의 주어진 우변까지 만족하는 특수해에 보조해까지 더해준 (3.4)가 (3.3)과 같은 비동차 미분방정식의 일반 해임을 알 수 있다.

먼저 보조해 $x_c(t)$부터 생각해 보자. 보조해를 구하기 위해서는 (1.4)의 미분방정식을 생각하면 되며, 이 동차 미분방정식의 해는 (1.17)에 이미 구한 바 있다. 즉,

$$x_c(t) = x_0 \cos(\omega_0 t - \phi) \tag{3.5}$$

이다. 이제 특수해 $x_p(t)$를 구해보자. 이를 위해서는 우변을 0으로 하지 않은 (3.3)의 방정식을 만족하는 함수를 찾아야 한다. (3.3)의 방정식을 만족하는 함수로 $\cos\omega t$를 생각할 수 있다. 비례상수 D를 넣어 특수해를

$$x_p(t) = D\cos\omega t \tag{3.6}$$

로 놓고, (3.3)을 만족하도록 상수 D를 구하자. (3.6)을 (3.3)에 넣으면

$$-\omega^2 D\cos\omega t + \omega_0^2 D\cos\omega t = \frac{F_0}{m}\cos\omega t$$

를 얻는다. 위 식은 임의의 시간에 대해 성립해야 하므로 $\cos\omega t$의 계수를 맞추어 D를 구하면

$$D = \frac{F_0}{m\left(\omega_0^2 - \omega^2\right)} \tag{3.7}$$

임을 알 수 있다. 이렇게 구한 상수 D를 이용하여 (3.6)을 다시 적으면

$$x_p(t) = \frac{F_0}{m\left(\omega_0^2 - \omega^2\right)}\cos\omega t \tag{3.8}$$

가 된다. 이와 같이 특수해까지 구했다. 이제 비동차 미분방정식 (3.3)의 일반 해를 적으면

$$x(t) = x_0 \cos(\omega_0 t - \phi) + \frac{F_0}{m\left(\omega_0^2 - \omega^2\right)} \cos \omega t \tag{3.9}$$

가 된다. (3.9) 식 우변의 첫 번째 항은 자연 각진동수 ω_0으로 진동하는 운동을 나타내며, 이러한 운동을 **자연(또는 고유) 진동**(natural oscillation)이라고 부르기도 한다. 두 번째 항은 각진동수 ω로 진동하는 **구동력에 반응**하여 같은 각진동수 ω로 진동하는 운동을 나타낸다. 즉, 강제 진동을 나타낸다. 이 두 진동 운동이 합쳐진 것이 진동자의 일반적 운동이다.

특별히 우리가 관심 있는 부분은 외부 구동력에 대한 반응인 두 번째 항(특수해)이다. 이 특수해를 잘 살펴보면 $\cos$으로 표현된 조화 진동의 진폭[(3.7)에서 구한 D]이 구동력의 진동수 ω에 따라 달라짐을 알 수 있다. 특히, ω가 자연 각진동수 ω_0에 접근하면 진폭 D의 크기가 점점 커지며, $\omega = \omega_0$일 때 D가 무한대로 발산하는 것을 알 수 있다. 이와 같은 상황이 앞에서 논의한 **공명**이다. 구동력의 진동수 ω가 자연 각진동수 ω_0이 되면 구동력이 전달하는 에너지가 진동자에 잘 전달되며 누적되어 결국은 진동자가 망가지게 된다고 생각할 수 있다.

재미있는 것은 $\omega = \omega_0$을 기준으로 **진폭 D의 부호가 달라진다**는 점이다. $\omega > \omega_0$인 영역에서는 진폭 D가 음이 되며, 이것은 $\cos$ 함수에 갑자기 π 만큼의 위상차가 발생하는 것과 같다. $\cos \omega t$와 $-\cos \omega t$ 사이에는 π 만큼의 위상차가 있기 때문이다. 정리하면, $\omega < \omega_0$인 경우, 진동자는 구동력과 같이 움직인다(즉 위상차는 0이다). 하지만 $\omega > \omega_0$인 경우, 진동자는 구동력과 반대로 움직인다(위상차는 π이다).

D를 구동력의 진동수 ω에 따라 그래프로 그린 것이 **그림 3.1**에 나와 있다. (3.7)의 D를

$$D = \frac{F_0}{m\left(\omega_0^2 - \omega^2\right)} = \frac{F_0}{m\omega_0^2\left[1 - \left(\dfrac{\omega}{\omega_0}\right)^2\right]}$$

과 같이 다시 적을 수 있으므로, $D/\left[F_0/\left(m\omega_0^2\right)\right]$을 y축, ω/ω_0을 x축으로 잡아 그래프를 그렸다. 이와 같이 변수를 잡는 것을 '정규화한다(normalize)'고 말한다.

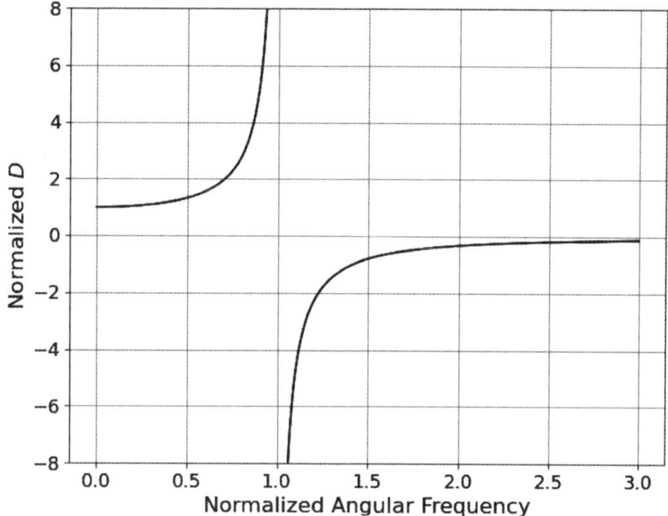

그림 3.1 강제 진동에 반응하여 나타나는 진동 운동의 진폭 D를 구동력의 진동수에 따라 나타낸 그래프(마찰이 없는 경우). y축은 정규화된 진폭 $D/\left[F_0/\left(m\omega_0^2\right)\right]$, x축은 정규화된 각진동수 ω/ω_0이다. $\omega/\omega_0=1$일 때 공명이 일어난다.

3.2 강제 진동 - 마찰이 있는 경우

지금까지는 이상화된 경우로서, 마찰이 없는 경우를 살펴보았다. 이제 조금 더 실제적으로, 마찰이 있는 경우를 살펴보자. 3.1절에서 살펴본 복원력과 구동력에 더하여 2.1절에서 살펴본 마찰력까지 고려해 보자. 그러면 다음의 운동방정식을 얻는다.

$$m\ddot{x} = -kx - b\dot{x} + F_0 \cos\omega t \tag{3.10}$$

(3.10)을 다음과 같이 정리하자.

$$\ddot{x} + 2\beta\dot{x} + \omega_0^2 x = \frac{F_0}{m}\cos\omega t \tag{3.11}$$

(3.11)의 일반 해도 동차 미분방정식 (2.4)의 해인 보조해 $x_c(t)$와 특수해 $x_p(t)$의 합으로 적을 수 있다. 보조해 $x_c(t)$는 (2.10)에서 이미 구한 바 있다. 즉,

$$x_c(t) = e^{-\beta t}\left(A_1 e^{\sqrt{\beta^2-\omega_0^2}\,t} + A_2 e^{-\sqrt{\beta^2-\omega_0^2}\,t}\right) \tag{3.12}$$

이다. 앞에서 살펴본 바와 같이, (3.12)로 주어지는 보조해는 시간이 흐르면서 결국 0으로 간다. 따라서 보조해는 강제 구동자의 운동에서 결국 사라지는 **과도현상(transients)** 만을 나타낸다.

이제 강제 구동자의 운동을 결정짓는 특수해 $x_p(t)$를 구해야 한다. (3.11)에서 마찰을 나타내는 1차 미분 항 $2\beta\dot{x}$으로 인해 3.1절에서 했던 바와 같이 간단히 $\cos\omega t$로 풀기가 어렵다. 이 경우는 좀 더 일반적으로

$$x_p(t) = D\cos(\omega t - \delta) \tag{3.13}$$

라고 놓고 진폭 D뿐만 아니라 위상 변화를 나타내는 δ까지 구해야 한다. 이 두 값을 구하기 위해서는 (3.13)을 (3.11)에 대입하여 여러 삼각함수 공식을 이용하여 정리해야 한다. 여기서 우리는 조금 다른 접근 방법을 취해 보겠다. (3.13) 대신 다음과 같이 $x_p(t)$를 복소수 함수로 놓는 것이다.

$$x_p(t) = De^{j\omega t} \tag{3.14}$$

(3.14)의 D는 (3.13)의 D와 달리 일반적으로 **복소수**이다. (3.14)의 D가 복소수인 것을 나타내기 위해 $\tilde{D}$로 나타내기도 하지만, 여기서는 편의상 그냥 D로 나타내겠다.

(3.14)를 이용하여 특수해를 구하기 위해서는 (3.11) 우변의 $\cos\omega t$도 복소수 $e^{j\omega t}$로 나타내야 한다. 이렇게 하여 구한 복소수 (3.14)의 **실수부**가 실제 **특수해라고 가정**하는 것이다. (3.14)와 같이 지수 함수로 놓는 것의 장점은 조화 함수와 달리 지수 함수는 미분하면 늘 같은 지수 함수가 나온다는 점이다. 이제 (3.14)를 비동차 미분방정식 (3.11)에 대입하여 특수해를 구하자. (3.14)를 미분하여 대입하면

$$(j\omega)^2 De^{j\omega t} + 2\beta(j\omega)De^{j\omega t} + \omega_0^2\, De^{j\omega t} = \frac{F_0}{m}e^{j\omega t}$$

를 얻는다. 위 식은 모든 시간에 대해 성립해야 하므로, $e^{j\omega t}$의 계수를 맞추어 D를 구하면 다음과 같다.

$$D = \frac{F_0}{m\left[\left(\omega_0^2 - \omega^2\right) + j\,2\beta\omega\right]} \tag{3.15}$$

앞서 말한 바와 같이, 우리는 복소수인 D를 얻었다. D를 $D = |D|e^{-j\delta}$와 같이 크기와 각도를 이용하여 나타내 보자. 이를 위해서 (3.15) 분모의 $\left(\omega_0^2 - \omega^2\right) + j\,2\beta\omega$를 극좌표로 나타내어 이용하자.

$$\left(\omega_0^2 - \omega^2\right) + j\,2\beta\omega = \left[\left(\omega_0^2 - \omega^2\right)^2 + 4\beta^2\omega^2\right]^{1/2} e^{j\delta}$$

이며, 각 δ는

$$\delta = \tan^{-1}\left(\frac{2\beta\omega}{\omega_0^2 - \omega^2}\right) \tag{3.16}$$

가 된다. 이와 같은 극좌표 표현을 이용하면 (3.15)는

$$D = \frac{F_0}{m\left[\left(\omega_0^2 - \omega^2\right)^2 + 4\beta^2\omega^2\right]^{1/2}}\,e^{-j\delta} \tag{3.17}$$

로 나타낼 수 있다. 이제 (3.14)를 다시 적으면

$$x_p(t) = \frac{F_0}{m\left[\left(\omega_0^2 - \omega^2\right)^2 + 4\beta^2\omega^2\right]^{1/2}}\,e^{j(\omega t - \delta)} \tag{3.18}$$

가 됨을 알 수 있다. 앞서 이야기한 바대로, 실제 특수해는 이렇게 구한 (3.18)의 **실수부**이다. 즉,

$$x_p(t) = \frac{F_0}{m\left[\left(\omega_0^2 - \omega^2\right)^2 + 4\beta^2\omega^2\right]^{1/2}} \cos(\omega t - \delta) \tag{3.19}$$

이다.

(3.19)의 진폭 $|D|$가 최대가 되는 경우를 (진폭) **공명**이라고 할 수 있다. 공명이 일어나는 각진동수를 구해보자. 이를 위해 $|D|$를 ω에 대해 미분하여 0으로 놓는다.

$$\frac{d|D|}{d\omega} = 0 \tag{3.20}$$

미분이 0이 되기 위해서는 다음의 식을 만족해야 한다.

$$2\left(\omega_0^2 - \omega^2\right)(-2\omega) + 8\beta^2\omega = 0$$

이를 ω에 대해 정리하여, 이 각진동수를 공명 각진동수를 나타내는 ω_R이라 놓자. 그러면

$$\omega_R = \sqrt{\omega_0^2 - 2\beta^2} \tag{3.21}$$

을 얻는다. (3.21)에서 마찰이 없으면 $\beta = 0$이므로, 3.1절에서 살펴본 바와 같이 $\omega_R = \omega_0$임을 확인할 수 있다. 마찰로 있는 경우, 공명 각진동수 ω_R는 (3.21)로 표현된 바와 같이 자연 각진동수 ω_0보다 작음을 알 수 있다.

공명의 정도를 나타내기 위해, 보통 **품질 인자**(quality factor)라고 부르는 Q를 다음과 같이 정의하여 사용한다.

$$Q \equiv \frac{\omega_R}{2\beta} \tag{3.22}$$

마찰은 에너지를 소모시켜 공명이 일어나는 것을 방해한다. (3.22)의 정의를 보면 마찰을 나타내는 감쇠 매개변수 β가 분모에 있으므로, 마찰이 작을수록 Q 값은 커지게 된다.

그림 3.2는 두 개의 Q 값에 따른 진폭 $|D|$를 나타낸 것이다. 먼저 각진동수 ω에 따른 진폭 $|D|$의 변화를 보자. 각진동수 ω가 ω_0에 접근함에 따라 $|D|$가 커지는 공명이 일어난다. Q가 클수록 마찰이 작으므로, 공명이 더 급격하게 일어나는 것을 볼 수 있다.

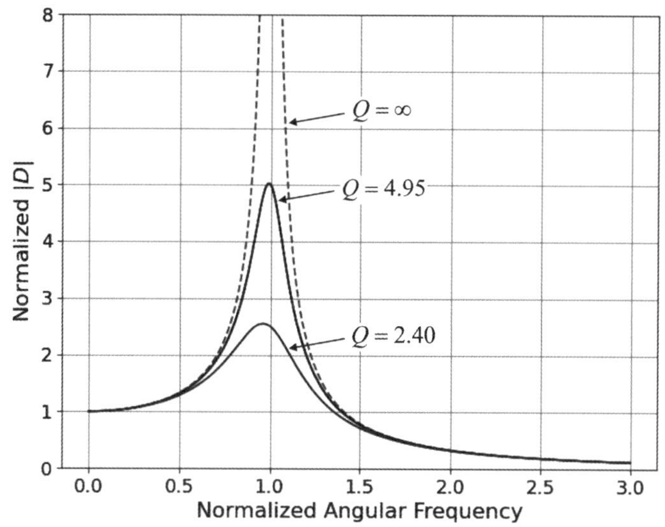

그림 3.2 $Q = 4.95, 2.40$ $(\beta = 0.1\omega_0, 0.2\omega_0)$인 경우. 정규화된 진폭 $|D|/\left[F_0/\left(m\omega_0^2\right)\right]$을 정규화된 각진동수 ω/ω_0에 대해 그린 그래프. 점선은 $\beta = 0$인 경우.

(3.19)를 보면 위상차 δ는 구동력에 비해 진동자의 반응이 시간적으로 얼마나 늦게 나타나는지를 의미하는 **위상 지연(phase delay)**을 나타냄을 알 수 있다. (3.16)은 $\omega \ll \omega_0$일 때는 위상 지연이 거의 없지만 공명이 일어나는 ω_0를 지나며 π로 바뀌게 됨을 알려준다. π의 위상 지연은 진폭 $|D|$에 -1을 곱한 것과 같다. 여기서, 마찰이 0인 경우를 생각했던 **그림 3.1**의 내용을 상기해 보자. 결국 마찰은 공명의 반응이 무한대로 가지 않도록 해주며, 공명 근처에서 불연속적으로 위상이 바뀌는 것이 아니라 연속적으로 바뀌게 해준다. 진폭 $|D|$의 경우와 마찬가지로, Q가 커서 **공명이 급격하게 일어나면 위상 지연도 급격히 바뀜**을 알 수 있다. 다음 페이지의 **그림 3.3**을 보라.

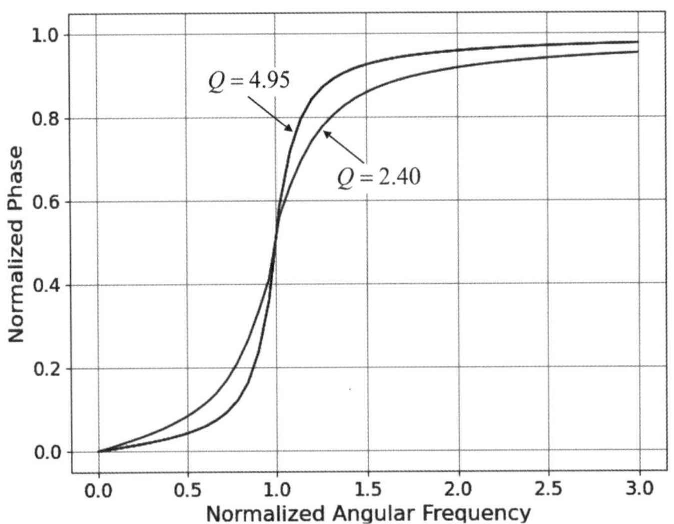

그림 3.3 $Q = 4.95, 2.40$ $(\beta = 0.1\omega_0, 0.2\omega_0)$인 경우, 정규화된 위상 지연 δ/π를 정규화된 각진동수 ω/ω_0에 대해 그린 그래프. 위상 지연을 π에 대해 정규화했으므로 y 구간이 $(0, \pi)$에서 $(0, 1)$로 바뀌었다.

마찰이 작은 경우, 즉 $\beta \ll \omega_0$일 때를 생각해 보자. $\Delta\omega$를 $|D|$의 최대값이 $1/\sqrt{2}$로 줄어드는 전체 너비(full width)이라 하자. 그러면 $|D|$의 최대값이 $1/\sqrt{2}$로 줄어들었을 때의 각진동수는 $\omega = \omega_0 + \dfrac{\Delta\omega}{2}$로 나타낼 수 있으므로 $|D|$의 분모에 있는 $\left(\omega_0^2 - \omega^2\right)^2$을

$$\left(\omega_0^2 - \omega^2\right)^2 = \left[-\omega_0 \Delta\omega - \left(\frac{\Delta\omega}{2}\right)^2\right]^2$$

으로 쓸 수 있다. $\omega_0 \gg \Delta\omega$이므로 우변의 두 번째 항을 무시하면 $\omega = \omega_0 + \dfrac{\Delta\omega}{2}$에서 다음의 식이 성립한다.

$$\frac{1}{\sqrt{2}} \frac{1}{\sqrt{4\beta^2\omega_0^2}} \simeq \frac{1}{\sqrt{\omega_0^2(\Delta\omega)^2 + 4\beta^2\omega_0^2}}$$

위 식을 제곱하여 정리하면

$$\Delta\omega \simeq 2\beta \tag{3.23}$$

의 식을 얻는다. 이를 이용하여 Q를 다시 적으면 마찰이 작은 경우 다음의 식이 성립한다.

$$Q \simeq \frac{\omega_0}{\Delta\omega} \tag{3.24}$$

(3.24)는 마찰이 크지 않은 경우, 진동자의 품질 인자를 구하는데 널리 사용된다.

문제

(3.18)을 시간에 대해 미분하여 속도 $\dot{x}_p(t)$를 구해보자. 속도의 진폭이 최대가 되는 **(속도) 공명**이 일어나는 각진동수를 구하시오. 이 경우 (3.24)의 Q는 어떻게 달라지는가?

정답 $$\dot{x}_p(t) = \frac{j\omega F_0}{m\left[\left(\omega_0^2 - \omega^2\right)^2 + 4\beta^2\omega^2\right]^{1/2}} e^{j(\omega t - \delta)} = \frac{jF_0}{m\left[\left(\frac{\omega_0^2}{\omega} - \omega\right)^2 + 4\beta^2\right]^{1/2}} e^{j(\omega t - \delta)}$$

$$\omega_R = \omega_0$$

$$Q \simeq \frac{\omega_0}{\Delta\omega}$$

문제

만약 (3.21) 식으로 주어진 $\omega_R = \sqrt{\omega_0^2 - 2\beta^2}$ 이 존재하지 않는 경우는 어떻게 될까? 즉, $\beta^2 > \frac{\omega_0^2}{2}$ 인 경우에 대해 생각해 보라.

3.3 교류 전원으로 구동되는 직렬 RLC 회로

앞에서 살펴본 마찰이 있는 강제 진동의 예를 회로에서 찾아볼 수 있는데 바로 교류(AC, alternating current) 전원으로 구동되는 직렬 RLC 회로이다. **그림 3.4**가 이 회로를 나타내고 있다.

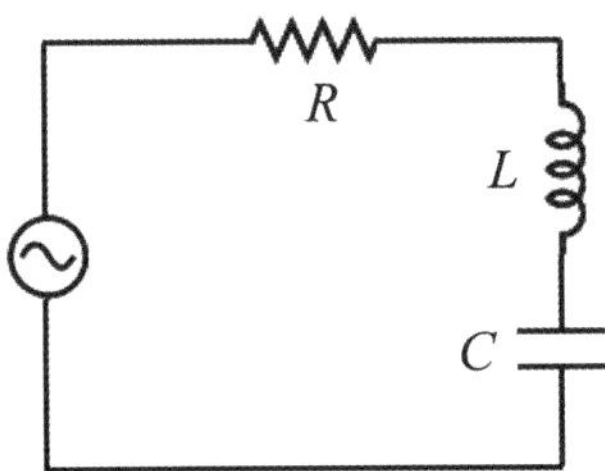

그림 3.4 교류 전원으로 구동되는 직렬 RLC 회로

교류 전원이 각진동수 ω로 진동하는 전압을 회로에 전달하고 있다고 생각하자. 즉,

$$v(t) = v_0 \cos \omega t \tag{3.25}$$

이다. 이 교류 전원이 앞에서 살펴본 역학적 진동에서 구동력의 역할을 하게 된다. Kirchhoff의 전압 법칙을 적용하여 회로 방정식을 찾으면 다음과 같다.

$$v_0 \cos \omega t - iR - L\frac{di}{dt} - \frac{q}{C} = 0 \tag{3.26}$$

$i = \dot{q}$이므로 (3.26)을 축전기에 저장되는 전하량 q에 대해 정리하여 적으면

$$L\ddot{q} + R\dot{q} + \frac{q}{C} = v_0 \cos \omega t \tag{3.27}$$

가 된다. (3.27)을 2차 미분방정식의 형태로 다음과 같이 정리해 보자.

$$\ddot{q} + 2\beta\dot{q} + \omega_0^2 q = \frac{v_0}{L}\cos\omega t \tag{3.28}$$

여기서

$$\beta = \frac{R}{2L} \tag{3.29}$$

$$\omega_0 = \frac{1}{\sqrt{LC}} \tag{3.30}$$

로서, 1, 2장에서 정의한 바와 동일하다. (3.28)은 (3.11)과 수학적으로 완벽하게 같은 비동차 2차 미분방정식이며, 그 해를 우리는 (3.19)를 참고하여 바로 적을 수 있다. 즉,

$$q(t) = \frac{v_0}{L\left[\left(\omega_0^2 - \omega^2\right)^2 + 4\beta^2\omega^2\right]^{1/2}}\cos(\omega t - \delta) \tag{3.31}$$

이다(시간이 흐르며 사라지는 보조해는 고려하지 않기로 한다). (3.29)와 (3.30)의 정의를 (3.31)에 넣고 정리하면 다음의 식을 얻는다.

$$\begin{aligned} q(t) &= \frac{v_0}{L\left[\left(\dfrac{1}{LC} - \omega^2\right)^2 + \dfrac{R^2}{L^2}\omega^2\right]^{1/2}}\cos(\omega t - \delta) \\ &= \frac{v_0}{\omega\left[\left(\dfrac{1}{\omega C} - \omega L\right)^2 + R^2\right]^{1/2}}\cos(\omega t - \delta) \end{aligned} \tag{3.32}$$

이제 (3.32)를 미분하여, 회로에 흐르는 전류를 구해보자. 전류는

$$i(t) = \dot{q}(t) = \frac{-v_0}{\left[\left(\dfrac{1}{\omega C} - \omega L\right)^2 + R^2\right]^{1/2}}\sin(\omega t - \delta) \tag{3.33}$$

가 된다. 위상 지연 δ는 (3.16)에 (3.29)와 (3.30)을 대입하여 정리하면

$$\delta = \tan^{-1}\left(\frac{\frac{R}{L}\omega}{\frac{1}{LC} - \omega^2}\right) = \tan^{-1}\left(\frac{R}{\frac{1}{\omega C} - \omega L}\right) \tag{3.34}$$

를 얻는다. (3.33)을 $\cos$으로 다시 표현하면

$$i(t) = \frac{v_0}{\left[\left(\frac{1}{\omega C} - \omega L\right)^2 + R^2\right]^{1/2}} \cos\left(\omega t - \delta + \frac{\pi}{2}\right) \tag{3.35}$$

가 된다. 위상차 $\frac{\pi}{2}$는 복소수 표현을 이용하여 구할 수도 있다[(1.29)와 (1.30) 참조].

3.4 교류 회로 복습

3.4.1 일반적 방법

(3.35)를 이용하여 논의를 더 진행하기 전에 일반물리학 강의에서 배운 교류 회로에 대해 복습해 보자. 저항기, 축전기, 유도기가 교류 전원에 각각 어떻게 반응하는지 먼저 살펴보자. **그림 3.5**는 교류 전원에 저항값 R를 갖는 저항기가 연결된 것을 보여준다.

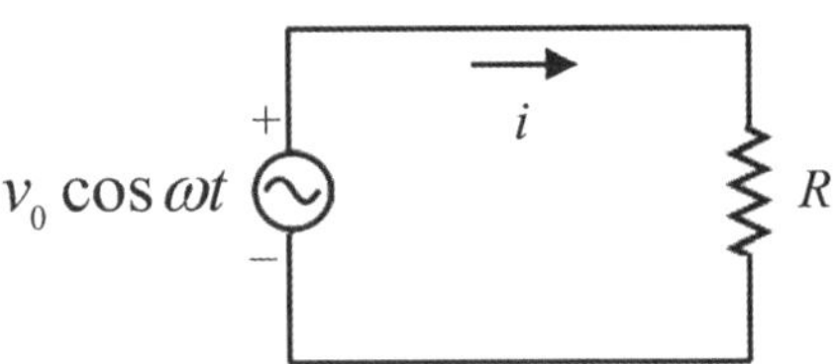

그림 3.5 교류 전원에 저항값 R를 갖는 저항기가 연결된 회로

그림 3.5의 회로에 Kirchhoff의 전압 법칙을 적용하면 다음의 방정식을 얻는다.

$$v_0 \cos \omega t - iR = 0 \tag{3.36}$$

(3.36)을 정리하여 이 회로에 흐르는 교류 전류 i를 구하면

$$i = \frac{v_0}{R} \cos \omega t \tag{3.37}$$

가 된다. (3.37)은 회로에 흐르는 **교류 전류는 교류 전원과 같은 위상**을 갖는다는 것을 알려준다. 즉, 교류 전원의 전압이 최대가 되면 전류도 최대가 되며, 교류 전원의 전압이 0이 되면 전류도 0이 된다.

이제 **그림 3.6**과 같이 전기용량 C를 갖는 축전기가 교류 전원에 연결되어 있는 경우를 생각해 보자.

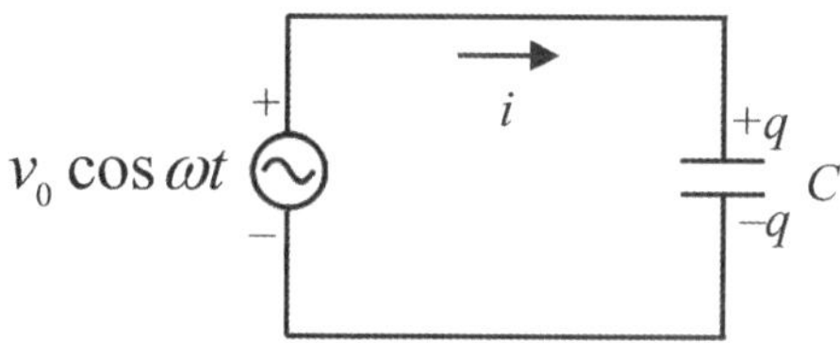

그림 3.6 교류 전원에 전기용량 C를 갖는 축전기가 연결된 회로

그림 3.6의 회로에 전압 법칙을 적용하면

$$v_0 \cos \omega t - \frac{q}{C} = 0 \tag{3.38}$$

를 얻는다. 이 식을 축전기에 저장된 전하량 q에 대해 정리하면

$$q = Cv_0 \cos \omega t \tag{3.39}$$

가 된다. 회로에 흐르는 전류는

$$\begin{aligned} i = \dot{q} &= -\omega C v_0 \sin\omega t \\ &= \omega C v_0 \cos\left(\omega t + \frac{\pi}{2}\right) \end{aligned} \tag{3.40}$$

(3.40)에서 위상차로 들어간 $\frac{\pi}{2}$는 원래 교류 전원의 $\cos\omega t$를 왼쪽으로(음의 방향으로) 평행이동시킨 것이므로 시간상으로 전류가 교류 전원보다 $\frac{\tau}{4}$만큼 더 **앞서간다(lead)**고 말할 수 있다. 위상 2π가 시간 주기 τ에 대응하므로 $\frac{\pi}{2}$는 $\frac{\tau}{4}$라고 할 수 있기 때문이다. 또는 $\omega t = \frac{\pi}{2}$에서

$$t = \frac{\pi}{2\omega} = \frac{\pi}{2\frac{2\pi}{\tau}} = \frac{\tau}{4}$$

라고 유추할 수도 있다. **축전기가 연결된 교류 회로에 흐르는 전류는 교류 전원보다 위상으로 $\frac{\pi}{2}$ (시간으로 $\frac{\tau}{4}$) 만큼 앞서간다**는 것을 기억하자.

마지막으로, 유도용량 L을 갖는 유도기가 교류 전원에 연결되어 있는 경우를 생각해 보자. **그림 3.7**에 회로가 나와 있다.

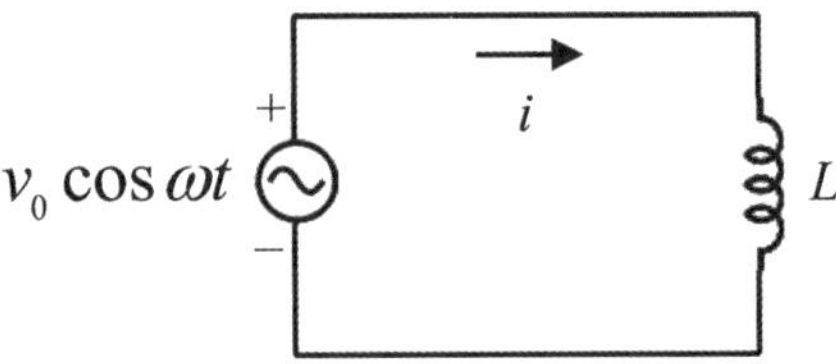

그림 3.7 교류 전원에 유도용량 L을 갖는 유도기가 연결된 회로

앞의 경우와 마찬가지로 전압 법칙을 적용하면

$$v_0 \cos\omega t - L\frac{di}{dt} = 0 \tag{3.41}$$

을 얻는다. 이 식을 정리하면

$$\frac{di}{dt} = \frac{v_0}{L}\cos\omega t \tag{3.42}$$

가 된다. (3.42)는 간단한 1차 미분방정식이며, 양변을 적분하면 회로에 흐르는 전류를 얻을 수 있다. 양변을 적분하면

$$\int \frac{di}{dt}dt = \frac{v_0}{L}\int \cos\omega t\, dt$$

가 되며, 좌변 적분은 $i(t)$, 우변 적분은 $\frac{1}{\omega}\sin\omega t$가 된다. 즉,

$$i(t) = \frac{v_0}{\omega L}\sin\omega t + \text{상수}$$

이다. 여기서 적분의 결과로 생긴 상수는 회로에 흐르는 교류 전류에 DC 성분을 더해주는 것이다. 이 회로에는 시간 평균하면 0이 되는 교류 전류만 흐르므로 결국 상수는 0이라고 할 수 있다. 즉, 유도기가 연결된 교류 회로에 흐르는 전류는

$$i(t) = \frac{v_0}{\omega L}\sin\omega t = \frac{v_0}{\omega L}\cos\left(\omega t - \frac{\pi}{2}\right) \tag{3.43}$$

이다. (3.43)에서 교류 전원과의 위상차를 살펴보기 위해 $\sin$을 $\cos$으로 바꾸어 다시 적었다. $\cos$ 각도 안의 $-\frac{\pi}{2}$는, 축전기가 연결됐던 경우와 반대로, **유도기가 연결된 회로에 흐르는 전류는 교류 전원과 비교하여 위상 $\frac{\pi}{2}$ (시간 $\frac{\tau}{4}$) 만큼 늦게 간다(lag)**는 것을 알려준다.

지금까지 살펴본 것을 요약하여 교류 전압 $v_0\cos\omega t$가 가해졌을 때 축전기 회로에 흐르는 전류[(3.40)]와 유도기 회로에 흐르는 전류[(3.43)]의 예시를 **그림 3.8**에 나타냈다.

i_C는 축전기 회로에 흐르는 전류, i_L은 유도기 회로에 흐르는 전류를 나타낸다.

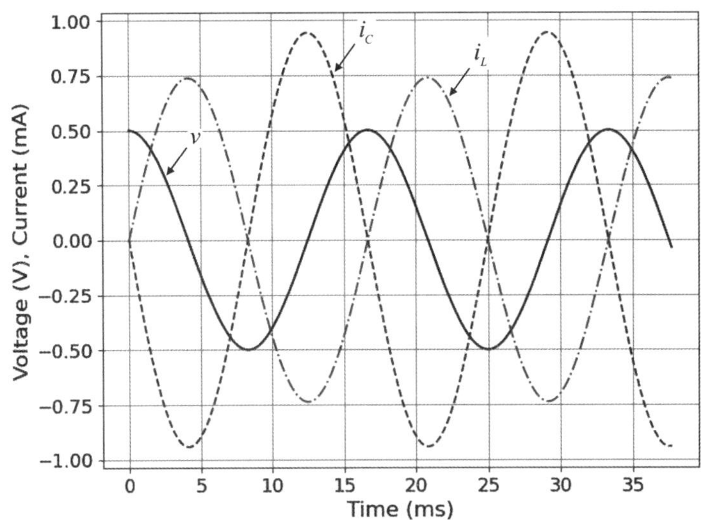

그림 3.8 교류 전원에 연결된 축전기 회로와 유도기 회로에 흐르는 전류($v_0 = 0.5\,\mathrm{V}$, $\omega = 120\pi\,\mathrm{rad/s}$, $C = 5.0\,\mu\mathrm{F}$, $L = 1.8\,\mathrm{H}$). v와 i_C, v와 i_L 사이의 위상 차이를 확인해 보라.

직류 회로에서 **저항**은 보통 **전압을 전류로 나눈 값**으로 정의되는데, 저항기가 연결된 교류 회로에 이 정의를 적용하는 것은 아무런 문제가 없다. 교류 전원과 흐르는 교류 전류 사이에 아무런 위상차가 없기 때문이다. 하지만 **축전기와 유도기의 경우에는 전압과 전류 사이에 위상차가 발생하기 때문에 교류 전원이 최대가 될 때 전류가 최대가 되지 않는다**(그림 3.8 참조). 이와 같이 위상차가 있는 경우에도 전압 **진폭**과 전류 **진폭**의 비를, 저항기의 경우와 비슷하게, 여전히 '저항'과 같은 물리량으로 정의할 수 있다. 회로에 흐르는 전류의 크기를 결정하는 것이 '저항' 성분이기 때문이다. 단, 위상차가 있다는 것을 기억해야 한다. 교류 회로에서 **진폭의 비**로 정의한 저항을 **반응저항**(reactance)이라고 부르며, X라는 문자로 나타낸다. 축전기와 유도기의 반응저항, X_C와 X_L은 다음과 같다.

$$X_C = \frac{v_0}{\omega C v_0} = \frac{1}{\omega C} \tag{3.44}$$

$$X_L = \frac{v_0}{v_0/(\omega L)} = \omega L \tag{3.45}$$

축전기와 유도기의 반응저항 값은 각진동수에 따라 달라짐에 유의하자. 이는 교류 회로에서 축전기나 유도기를 통해 흐르는 전류의 특성과 관련이 있다. 교류 회로의 각진동수 ω가 0으로 접근하면 축전기의 반응저항 값은 무한대로 가며, 반대로 각진동수가 증가하여 무한대로 접근하면 축전기의 반응저항 값이 0으로 수렴함을 알 수 있다. 이는 축전기가 두 개의 분리된 극판으로 구성되어 있어서 직류 전류는 흐를 수 없지만, 교류 전류는 극판의 충전, 방전 과정을 통해 흐를 수 있음과 관련되어 있다. 회로에 흐르는 교류 전류는 축전기에 저장되는 전하에 변화가 있기 때문($i = \dot{q}$)인데, 전기용량이 클수록, 또는 각진동수가 클수록 축전기가 완전히 충전되어 변화가 일어나지 않을 여지를 줄여주므로 반응저항 값은 줄어든다.

반면, 유도기의 반응저항은 축전기의 반응저항과는 반대로 행동한다. 즉, 각진동수 ω가 감소하면 유도기의 반응저항 값은 0으로 수렴하며, 각진동수가 증가하면 유도기의 반응저항 값도 증가한다. 이는 유도기가 코일모양으로 만든 도선이며, 유도 효과가 일어나는 이유가 Faraday의 유도 법칙에 따라 자기다발(magnetic flux)의 변화를 방해하기 때문이다. 직류 회로($\omega = 0$)에서는 전류의 변화가 없으므로 전류로 인해 생기는 자기다발의 변화가 없다. 이 경우, 도선은 그냥 전류를 전도할 뿐이다. 저항이 0인 이상적 도선으로 유도기를 만든다고 생각하므로 아무런 저항도 발생하지 않는다. 하지만 각진동수가 증가하면, 전류의 흐름이 방향을 바꾸는 1초당 횟수가 증가하는 것이므로 자기다발의 변화가 심해지며, Faraday의 유도 법칙에 따라 유도기의 반응저항 값이 증가한다.

회로에서는 저항이 0인 경우를 '단락(short)', 무한대인 경우를 '개방(open)'이라는 말로 부른다. 각진동수에 따른 축전기와 유도기의 반응저항을 다음에 정리했다.

$$X_C:\ \omega = 0, \infty\,(\mathrm{open}),\ \omega \to \infty, 0\,(\mathrm{short})$$
$$X_L:\ \omega = 0, 0\,(\mathrm{short}),\ \omega \to \infty, \infty\,(\mathrm{open})$$

3.4.2 복소수를 이용한 방법: 임피던스

이제 우리가 앞서 살펴봤던 복소수를 이용하여 교류 회로를 다루는 방법에 대해 알아보겠다. 앞에서 $v = v_0 \cos \omega t$로 나타냈던 전압을 복소수 표현을 이용하여

$$v = v_0 e^{j\omega t} \tag{3.46}$$

로 나타내겠다. 먼저 저항기가 연결된 회로(**그림 3.5**)를 생각해 보자. 전압 법칙을 적용하면

$$v_0 e^{j\omega t} - iR = 0$$

을 얻으며, 이로부터 흐르는 전류 i는

$$i = \frac{v_0}{R} e^{j\omega t} \tag{3.47}$$

가 된다. 우리가 앞에서 논의했던 바대로, (3.47)의 실수부가 앞에서 얻은 (3.37)이다.

다음으로 **그림 3.6**의 축전기가 연결된 회로를 생각해 보자. 이 회로에 전압 법칙을 이용하면

$$v_0 e^{j\omega t} - \frac{q}{C} = 0 \tag{3.48}$$

을 얻는다. 축전기에 저장된 전하 q는

$$q = C v_0 e^{j\omega t} \tag{3.49}$$

이다. 이를 미분하여 축전기 회로에 흐르는 전류를 구하면

$$i = \dot{q} = j\omega C v_0 e^{j\omega t} \tag{3.50}$$

가 된다. $j = e^{j\frac{\pi}{2}}$를 이용하여 (3.50)의 실수부를 취하면 (3.40)을 얻게 된다. 미분하여 얻게 된 복소수 단위 $j = e^{j\frac{\pi}{2}}$가 위상 정보를 가지고 있음을 알 수 있다. 이와 같이 **복소**

수로 표현된 전압과 전류의 비를 이용하여 구한 '저항'과 같은 물리량을 **임피던스** (impedance)라고 부른다. 즉, 교류 전압 (3.46)을 축전기 회로의 교류 전류 (3.50)으로 나누면 축전기의 임피던스 Z_C는

$$Z_C = \frac{1}{j\omega C} \tag{3.51}$$

이 된다. **임피던스는 위상 정보도 포함**하고 있으며, 3.4.1절에서 논의한 바와 같이 반응 저항과 위상차를 별도로 기억해야 하는 번거로움을 줄여준다. 이렇게 정의된 임피던스를 교류 회로에서 이용하면 마치 직류 회로에서 저항을 이용하듯이 전류를 간단하게 구할 수 있다. 즉,

$$i = \frac{v}{Z_C} = \frac{v_0 e^{j\omega t}}{\dfrac{1}{j\omega C}} = j\omega C v_0 e^{j\omega t} = \omega C v_0 e^{j\left(\omega t + \frac{\pi}{2}\right)} \tag{3.52}$$

를 얻을 수 있다. (3.52)의 실수부가 (3.40)이다.

마지막으로, 유도기가 연결된 교류 회로를 살펴보자. **그림 3.7**에서 전압 법칙을 적용하면

$$v_0 e^{j\omega t} - L\frac{di}{dt} = 0 \tag{3.53}$$

의 회로 방정식을 얻는다. 이를 정리하면

$$\frac{di}{dt} = \frac{v_0}{L} e^{j\omega t} \tag{3.54}$$

가 되며, 이 방정식을 적분하여 유도기가 연결된 회로에 흐르는 전류 i를 구할 수 있다. 적분하면

$$i = \frac{v_0}{j\omega L} e^{j\omega t} = \frac{v_0}{\omega L} e^{j\left(\omega t - \frac{\pi}{2}\right)} \tag{3.55}$$

가 된다. (3.55)에서 적분 상수는 (3.43)을 구할 때와 마찬가지로 0으로 두었으며, $\frac{1}{j} = -j = e^{j\left(-\frac{\pi}{2}\right)}$를 이용하여 위상차를 나타냈다. (3.55)의 실수부가 (3.43)임을 알 수 있다. 축전기의 임피던스를 정의했던 것과 마찬가지로, (3.46)과 (3.55)를 이용하여 유도기의 임피던스 Z_L을 정의하면

$$Z_L = j\omega L \tag{3.56}$$

이 된다. Z_C와 마찬가지로 Z_L에도 복소수 단위 $j = e^{j\frac{\pi}{2}}$가 포함되어 있으며, (3.52)에서 축전기 회로의 교류 전류를 구할 때와 마찬가지로, 유도기 회로의 전류를 구할 때 위상 변화를 나타내게 된다. 적분하여 얻은 (3.55)를, 복소수로 나타낸 교류 전압 (3.46)을 유도기의 임피던스 (3.56)으로 나눈 것으로 이해하면 j가 어떤 역할을 하는지 다시 한 번 상기할 수 있다.

앞에서 축전기와 유도기는 허수의 임피던스를 가짐을 살펴봤는데, 저항기에 대해서도 (3.46)을 (3.47)로 나누어 임피던스를 구할 수 있다. 이렇게 구한 저항기의 임피던스 Z_R은

$$Z_R = R \tag{3.57}$$

로서 기존에 알고 있던 저항과 동일하다. 임피던스가 허수가 아닌 실수라는 것은 저항기가 교류 전압과 아무런 위상차가 없는 전류를 흐르도록 만든다는 것을 의미한다. 일반적으로, 어떤 회로 요소(circuit element, 예: 다이오드)의 임피던스는 실수부와 허수부를 모두 갖는다. 즉, 어떤 임의의 회로 요소의 임피던스를 Z라 하면

$$Z = R + jX \tag{3.58}$$

와 같이 적을 수 있다. 이상적인 축전기나 유도기의 경우 어떠한 에너지 손실도 없는 것을 우리는 안다. 이와 같은 사실은 1.6절에서 확인했다. 회로에 에너지 손실이 일어나는

것은 임피던스의 실수부 때문이다. 이 사실은 2장에서 확인한 바 있다. 임피던스는 교류 회로에서 사용하는 일반화된 '저항'의 개념을 갖는다. 임피던스는 여전히 전압을 나타내는 물리량을, 전류를 나타내는 물리량으로 나눈 것이므로, 그 단위는 옴(Ω)이다.

여러 임피던스가 직렬 또는 병렬로 연결되어 있을 때, 기존의 저항과 마찬가지의 방법으로 등가 임피던스를 구할 수 있다. 즉, $Z_1, Z_2, \cdots$과 같은 n개의 임피던스가 **직렬 연결**되어 있을 때의 등가 임피던스 Z_{eq}는

$$Z_{eq} = Z_1 + Z_2 + \cdots = \sum_{i=1}^{n} Z_i \tag{3.59}$$

이다. 한편, $Z_1, Z_2, \cdots$과 같은 n개의 임피던스가 **병렬 연결**되어 있을 때의 등가 임피던스 Z_{eq}는

$$\frac{1}{Z_{eq}} = \frac{1}{Z_1} + \frac{1}{Z_2} + \cdots = \sum_{i=1}^{n} \frac{1}{Z_i} \tag{3.60}$$

이다. (3.59)와 (3.60)이 성립하는 이유는 회로의 전압 법칙과 전류 법칙이 교류 회로에서도 당연히 성립하기 때문이다.

3.4.3 위상자

복소수를 이용하여 교류 회로를 기술할 때 유용하게 사용할 수 있는 개념이 있는데, 바로 **위상자(phasor)**이다. 위상자란 **복소수로 나타낸 진동하는 물리량을 복소평면에 화살표로 나타낸 것**이다.

교류 전원 $v = v_0 e^{j\omega t}$를 어느 순간에 복소평면에 나타낸 것이 다음 페이지의 **그림 3.9**에 나와 있다. 복소평면에서 x축(실수축)과 이루는 각도 θ는 ωt로서 시간이 흐름에 따라 증가하므로, 결국 **위상자는 원점을 중심으로 화살표의 끝이 원을 그리며 회전**함을 알 수 있다. **그림 3.9**에는 축전기가 연결된 교류 회로의 전류 (3.52)도 i_C로 나타나 있는데,

x축과 이루는 각도 θ가 $\omega t+\frac{\pi}{2}$로서 교류 전원의 전압과 비교하여 $\frac{\pi}{2}$만큼 더 돌아간 것을 알 수 있다. 또한, 유도기가 연결된 교류 회로의 전류 (3.55)도 i_L로 나타나 있는데, x축과 이루는 각도 θ는 $\omega t-\frac{\pi}{2}$로서 교류 전원의 전압과 비교하여 $\frac{\pi}{2}$만큼 덜 돌아가 있다. 이렇게 위상자로 나타낸 그림을 보면 교류 전원의 전압과 비교하여, 축전기 회로의 전류는 위상 $\frac{\pi}{2}$만큼 앞서가며, 유도기 회로는 $\frac{\pi}{2}$만큼 늦게 간다는 것을 시각적으로 확인할 수 있다. 복소수로 표현할 때는 항상 **실수부가 실제 물리량**을 나타내므로, 이렇게 위상자로 나타낸 물리량에서 실제 물리량을 구하려면 위상자의 x성분을 구하면 된다. 즉, **x축으로 정사영한 것이 실제 물리량**이다. 이것을 시간에 따라 나타낸 것이 **그림 3.8**이다.

복소평면 위의 한 점(위치)은 하나의 복소수에 대응하므로, 위상자란 원점으로부터 복소수를 나타내는 한 점까지 연결한 일종의 **2차원 위치 벡터**(radius vector, 또는 position vector)라고 볼 수도 있다.

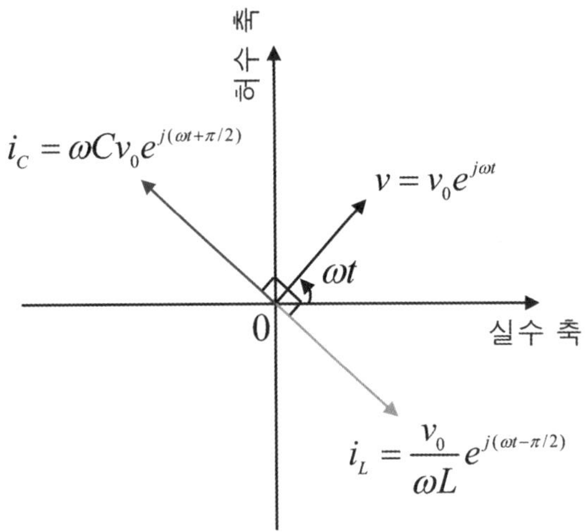

그림 3.9 교류 전원의 전압과 축전기 회로에 흐르는 전류, 유도기 회로에 흐르는 전류를 각각 위상자로 나타낸 그림. 시간이 흐르며 위상자는 각속력 ω로 회전한다.

3.5 임피던스로 이해하는 직렬 RLC 회로

이제 임피던스의 개념을 이용하여 RLC 직렬 회로를 이해해 보도록 하자. **그림 3.4**의 직렬 RLC 회로에 흐르는 전류를 임피던스를 이용하여 구하자. 저항기, 유도기, 축전기가 직렬로 연결되어 있으므로, 각각의 임피던스를 (3.59)를 이용하여 구한 것이 회로 전체의 등가 임피던스가 된다. 즉,

$$Z_{eq} = R + j\omega L + \frac{1}{j\omega C} \tag{3.61}$$

이다. 회로에 흐르는 전류 i는

$$i = \frac{v}{Z_{eq}} = \frac{v_0 e^{j\omega t}}{R + j\left(\omega L - \dfrac{1}{\omega C}\right)} \tag{3.62}$$

이다. (3.62)의 **분모**를 극좌표로 나타내어 정리하면

$$i = \frac{v_0 e^{j(\omega t - \phi)}}{\sqrt{R^2 + \left(\omega L - \dfrac{1}{\omega C}\right)^2}} \tag{3.63}$$

가 된다. 위상 지연 ϕ는

$$\phi = \tan^{-1}\left(\frac{\omega L - \dfrac{1}{\omega C}}{R}\right) \tag{3.64}$$

이다. (3.63)과 (3.64)는 앞에서 미분방정식을 이용하여 구한 (3.34), (3.35)가 나타내는 바와 살짝 다르다. 하지만 차이는 겉보기일 뿐이다. 만약, 우리가 (3.62)의 분모에서 $-j$를 뽑으면

$$i = \frac{v_0 e^{j\omega t}}{-j\left[\left(\frac{1}{\omega C} - \omega L\right) + jR\right]} = \frac{v_0 e^{j\left(\omega t + \frac{\pi}{2}\right)}}{\left(\frac{1}{\omega C} - \omega L\right) + jR} \tag{3.65}$$

가 되는데, 이 식의 분모를 극좌표로 나타내어 정리한 후 실수부를 취하면 (3.35)가 되고, 위상 지연을 나타내는 δ도 정확히 (3.34)가 됨을 확인할 수 있다. 결국, 우리는 비동차 2차 미분방정식을 풀어 앞에서 구한 전류와 똑같은 답을 임피던스의 개념을 이용하여 구한 것이다. 어느 방법이 더 간편한가? 임피던스를 이용하여 푸는 것이 더 간편하지 않은가? 이러한 간편성에 임피던스를 이용한 방법의 장점이 있다.

마지막으로, (3.63)과 (3.64)로 얻은 직렬 RLC 교류 회로에 흐르는 전류에 대해 조금 더 음미해 보자. **그림 3.10**은 교류 전원의 전압과 이 교류 전원이 구동시키는 직렬 RLC 회로에 흐르는 전류를 시간에 따라 나타낸 것이다.

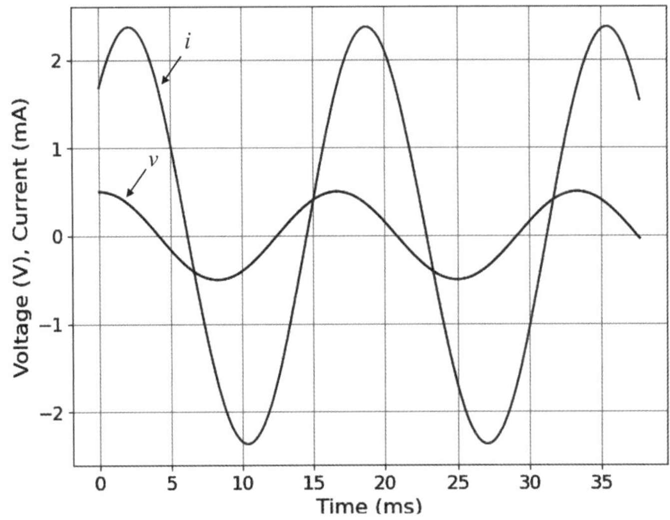

그림 3.10 교류 전원 $v = v_0 \cos \omega t$가 구동시키는 직렬 RLC 회로에 흐르는 전류 ($v_0 = 0.5\text{ V}$, $\omega = 120\pi\text{ rad/s}$, $R = 150\ \Omega$, $C = 5.0\,\mu\text{F}$, $L = 1.8\text{H}$). 이 경우 $\omega L > \frac{1}{\omega C}$이므로 $\phi > 0$이다.

그림 3.10을 보면 교류 전원의 전압에 비해 위상차 ϕ만큼 전류의 위상이 지연되는 것을 알 수 있다. 위상차 ϕ는 (3.64)에 의해 결정된다. 위상차 ϕ의 부호는 유도기의 반응

저항인 ωL과 축전기의 반응저항인 $\dfrac{1}{\omega C}$ 중 어느 것이 더 크냐에 따라 달라진다. 만약 ωL이 $\dfrac{1}{\omega C}$보다 크면 $\phi > 0$이며, 이 경우 전류는 전압보다 늦게 간다. 유도기의 반응저항이 더 크므로 회로가 유도기의 반응에 가까워지는 것이다. 반대로, ωL보다 $\dfrac{1}{\omega C}$이 더 크면 $\phi < 0$이며 회로가 축전기의 반응에 가까워진다. 하지만 저항기의 존재로 인해 완전히 유도기나 축전기처럼 반응하지는 않는다. 이를 위상자로 나타낸 것이 **그림 3.11**이다. **그림 3.10**과 마찬가지로 $\phi > 0$인 경우를 가정했다.

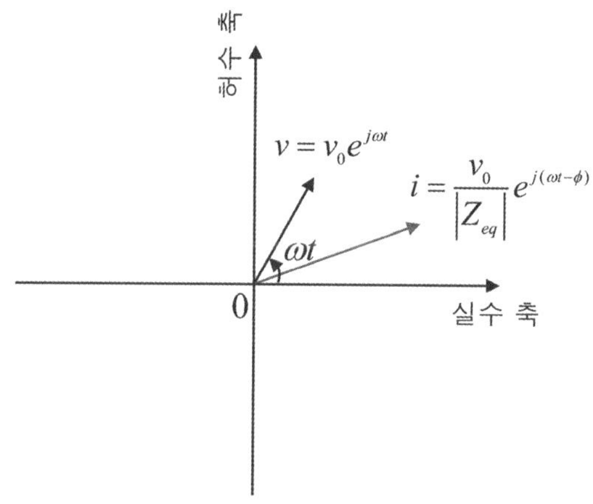

그림 3.11 교류 전원 $v = v_0 \cos \omega t$가 구동시키는 직렬 RLC 회로에 흐르는 전류를 위상자로 나타낸 그림($\phi > 0$인 상황을 가정)

문제

교류 전원으로 구동되는 직렬 RLC 회로에 흐르는 전류 (3.63)이 최대가 되는 각진동수를 구하시오. 이 진동수를 무엇이라고 부르는 것이 좋겠는가? 이 때 흐르는 전류 i를 구하시오.

정답 (전류)공명 각진동수 $\omega_R = \dfrac{1}{\sqrt{RC}} = \omega_0$

$$i = \frac{v_0}{R} e^{j\omega t}$$

3.6 직렬 RC 또는 RL 교류 회로

지금까지는 주로 직렬 RLC 회로에 대해 살펴보았다. 이 외에도 여러 응용에서 중요한 의미를 갖는 교류 회로들이 있는데, 이들에 대해 한 번 알아보자. **그림 3.12**는 직렬 RC 회로이며 **그림 3.13**은 직렬 RL 회로이다. 이러한 교류 회로에서 **축전기 또는 유도기에 걸리는 전압**에 대해 생각해보자. **그림 3.14**는 R, L, C 대신에 일반적 임피던스 Z_1, Z_2가 직렬 연결된 교류 회로를 보여준다.

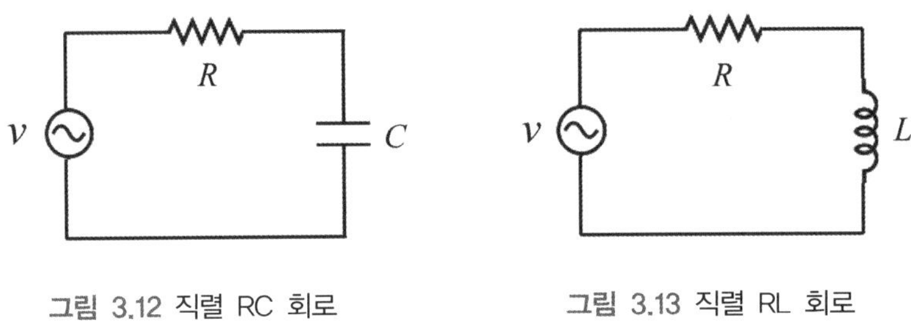

그림 3.12 직렬 RC 회로　　그림 3.13 직렬 RL 회로

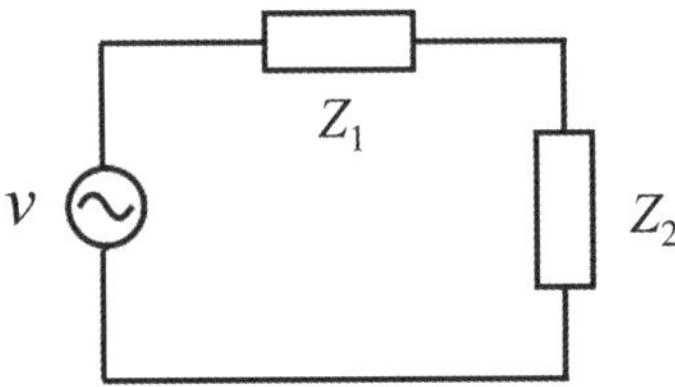

그림 3.14 임피던스 Z_1, Z_2가 직렬로 연결된 회로

그림 3.14의 교류 회로에서 임피던스 Z_2에 걸리는 전압에 대해 생각해 보자. 먼저 회로에 흐르는 교류 전류 i를 구하면

$$i = \frac{v}{Z_{eq}} = \frac{v}{Z_1 + Z_2} \tag{3.66}$$

가 된다. (3.66)에서 직렬 연결된 임피던스들의 등가 임피던스를 구하기 위해 (3.59)를 이용했다. 임피던스 Z_2에 걸리는 전압 v_{Z_2}는

$$v_{Z_2} = iZ_2 = \frac{Z_2}{Z_1 + Z_2} v \tag{3.67}$$

가 된다. (3.67)은 저항 R_1, R_2가 직렬 연결되어 있는 직류 회로에서 R_2에 걸리는 전압과 동일한 형태임을 알 수 있다.

이제 **그림 3.12**의 직렬 RC 회로를 생각해 보자. 우리가 원하는, 축전기에 걸리는 전압을 구하기 전에 먼저 정성적으로 생각해 보자. (3.51)에서 살펴본 바와 같이 축전기의 임피던스 $Z_C = \frac{1}{j\omega C}$이다. 교류 회로의 각진동수 ω가 0으로 접근하면 축전기의 임피던스는 무한대로 가며, 반대로 각진동수가 증가하여 ∞로 접근하면 축전기의 임피던스가 0으로 수렴함을 알 수 있다. 이 경우, (3.67)에 따라, 각진동수가 증가하여 축전기의 임피던스가 줄어들면 축전기에 걸리는 전압이 줄어들게 된다.

그림 3.13의 직렬 RL 회로의 경우는 직렬 RC 회로와는 반대의 특성을 보인다. (3.56)에서 보았듯이 유도기의 임피던스는 $Z_L = j\omega L$이며, 교류 회로의 각진동수 ω가 감소하면 유도기의 임피던스는 0으로 수렴한다. 반면, 각진동수 ω가 증가하면 유도기의 임피던스는 증가한다. 따라서 각진동수가 증가하여 유도기의 임피던스가 증가하면 유도기에 걸리는 전압은 증가하게 된다.

위에서 정성적으로 살펴본 내용을 이제 식으로 나타내 보자. 먼저 축전기의 경우부터 살펴보자. 축전기에 걸리는 교류 전압 v_C는

$$v_C = \frac{Z_C}{R + Z_C} v = \frac{\frac{1}{j\omega C}}{R + \frac{1}{j\omega C}} v = \frac{1}{1 + j\omega RC} v \tag{3.68}$$

와 같다. 정성적으로 살펴본 바와 같이, $\omega = 0$인 경우 $v_C = v$이며, $\omega \to \infty$의 경우 $v_C \to 0$이 된다. 즉, RC 직렬 회로를 이용하여 축전기에 걸리는 전압을 이용하면, 교류 전압이 저주파수(low frequency)는 잘 전달되고 고주파수(high frequency)는 잘 전달되지 않는 일종의 필터(filter)를 만들 수 있다. 이와 같은 주파수 필터는 저주파수가 잘 전달되므로 저주파 필터(low-pass filter)라고 부른다.

문제

(3.68)로부터 실제 축전기에 걸리는 전압과 위상 지연 ϕ를 구하시오. $\omega=0$과 $\omega\rightarrow\infty$일 때의 ϕ는 얼마인가?

정답
$$v_C=\frac{1}{\sqrt{1+\omega^2R^2C^2}}v_0\cos(\omega t-\phi)$$
$$\phi=\tan^{-1}(\omega RC)$$
$$\omega=0,\ \phi=0;\ \omega\rightarrow\infty,\ \phi=\frac{\pi}{2}$$

이제 직렬 RL 회로를 살펴보자. 유도기에 걸리는 전압 v_L은

$$v_L=\frac{Z_L}{R+Z_L}v=\frac{j\omega L}{R+j\omega L}v=\frac{1}{1-j\dfrac{R}{\omega L}}v \tag{3.69}$$

가 됨을 알 수 있다. $\omega=0$인 경우, $v_L=0$이며, $\omega\rightarrow\infty$의 경우 $v_L\rightarrow v$임을 알 수 있다. 이는 앞에서 정성적으로 살펴본 것과 같다. 직렬 RL 회로는 고주파수를 잘 전달하므로, 직렬 RC 회로와는 달리 고주파 필터(high-pass filter)로 기능한다.

문제

(3.69)로부터 실제 유도기에 걸리는 전압과 위상 지연 ϕ를 구하시오. $\omega=0$과 $\omega\rightarrow\infty$일 때의 ϕ는 얼마인가?

정답
$$v_L=\frac{1}{\sqrt{1+\dfrac{R^2}{\omega^2L^2}}}v_0\cos(\omega t-\phi)$$
$$\phi=-\tan^{-1}\left(\frac{R}{\omega L}\right)$$
$$\omega=0,\ \phi=-\frac{\pi}{2};\ \omega\rightarrow\infty,\ \phi=0$$

위와 같은 필터로의 응용 외에도 직렬 RC 회로는 다른 매우 중요한 의미를 지니는데,

여러 반도체 소자들을 간단히 축전기로 나타낼 수 있기 때문이다. 즉, 여러 반도체 소자의 가장 간단한 등기 회로는 축전기이다. 이 경우, **그림 3.12**는 내부저항 R를 갖는 전원 공급기(power supply)에 연결된 반도체 소자를 나타내게 된다. 전원이 공급하는 전압이 반도체 소자에 제대로 전달되어야 소자가 제대로 작동되므로, **축전기에 걸리는 전압은 소자가 제대로 작동할 수 있는지를 나타내는 지표**가 된다. 축전기에 걸리는 전압은 (3.68)에 이미 구한 바 있다. (3.68)을 보면 전원의 각진동수가 증가할수록 축전기에 걸리는 전압이 줄어든다. 진동수(각진동수) 대신 주파수란 단어를 사용하여, **'고주파수로 갈수록 소자는 제대로 작동하지 않는다'**고 말할 수 있다. 이렇게 주파수에 따라 달라지는 소자의 특성을 주파수 특성, 또는 **주파수 응답**(frequency response)이라고 한다. 주파수 반응이라는 말을 사용하기도 한다. 소자의 주파수 응답은 소자의 속도를 결정짓는 매우 중요한 특성이다. **그림 3.15**는 (3.68)의 복소수 크기

$$|v_C| = \frac{v_0}{\sqrt{1+\omega^2 R^2 C^2}} \tag{3.70}$$

을 (각)주파수에 따라 나타낸 것이다. 주파수가 증가함에 따라 소자의 반응이 어떻게 줄어드는지를 확인해 볼 수 있다.

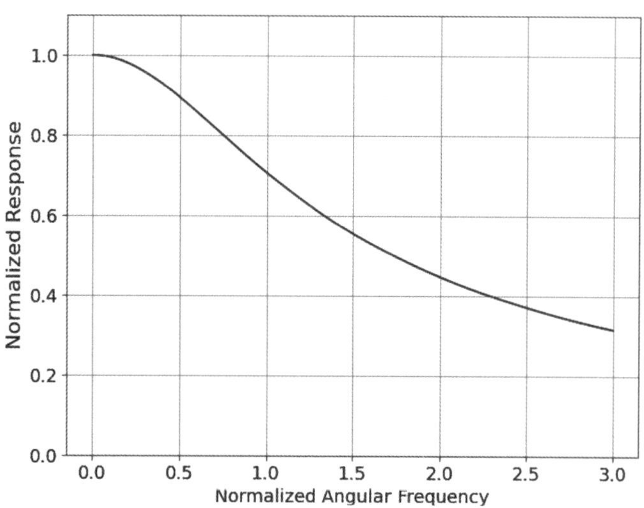

그림 3.15 RC 등가회로로 나타낸 소자의 주파수 응답. 식 (3.70)을 정규화된 반응 $\frac{|v_C|}{v_0}$ 대 $\frac{\omega}{\omega_{3\,\mathrm{dB}}}$로 그린 것이다[$\omega_{3\,\mathrm{dB}} = 1/(RC)$].

$|v_C|$가 v_0의 $1/\sqrt{2} \simeq 0.707$로 떨어지는 주파수를 **3 dB 주파수(3-dB frequency)**라고 부르고, $f_{3\,\mathrm{dB}}$로 나타낸다. (3.70)에서 $\omega RC = 1$일 때 $\sqrt{1+\omega^2 R^2 C^2}$은 $\sqrt{2}$가 되므로,

$$f_{3\,\mathrm{dB}} = \frac{1}{2\pi RC} \tag{3.71}$$

이다. $f_{3\,\mathrm{dB}}$는 외부 주파수에 소자가 얼마나 빨리 반응하는지 나타내는 중요한 지표이다. 즉, $f_{3\,\mathrm{dB}}$가 크면 클수록 소자는 빠른 주파수로 구동될 수 있다. R는 전원 공급기의 특성으로서, 보통 50 Ω으로 맞춰져 있다. 그러므로 **소자의 $f_{3\,\mathrm{dB}}$를 늘이기 위해서는 소자의 전기용량 C를 줄여야 한다.** C를 줄이는 가장 직접적 방법은 '극판', 즉 소자의 크기를 줄이는 것이다. **작은 소자일수록 빨리 작동한다.** 소자가 작동하기 위해서는 주파수 신호에 따라 소자에 전하를 넣어(축전기를 충전하여) 전기장을 소자 내에 걸어주어야 하는데, C가 작을수록 충전에 걸리는 시간이 줄어들기 때문이다. 교류 회로는 전류의 흐름이 시간에 따라 바뀌는데, 이때마다 소자는 충전과 방전을 반복하며 소자 내에 걸리는 전기장의 방향을 바꾸며 작동하게 된다. C가 작아 충전이 빨리 되는 소자는 방전도 빠르다.

4

Fourier 분석

우리 주변에서 찾을 수 있는 많은 신호들은 주기적이다. 신호가 주기적인 것은 신호를 발생시키는 장치가 주기 운동(반복 운동 또는 진동 운동)을 하기 때문이다. 예컨대, 3장에서 살펴봤던, 강제로 조화 진동하는 진동자가 외부로 에너지를 내보내면 이때 발생하는 신호는 당연히 조화 진동의 형태를 띠게 된다. 임의의 복잡한 주기 신호도 있을 수 있는데, 이를 간단한 신호, 즉 **단순 조화 진동의 합**으로 분해하여 이해하는 것이 Fourier 분석이다.

4.1 주기 신호(periodic signal)의 특성

복잡한 주기 운동이 임의의 모양으로 주기적인 신호를 만들어 내고 있다고 생각해 보자. 그 예가 **그림 4.1**에 나와 있다.

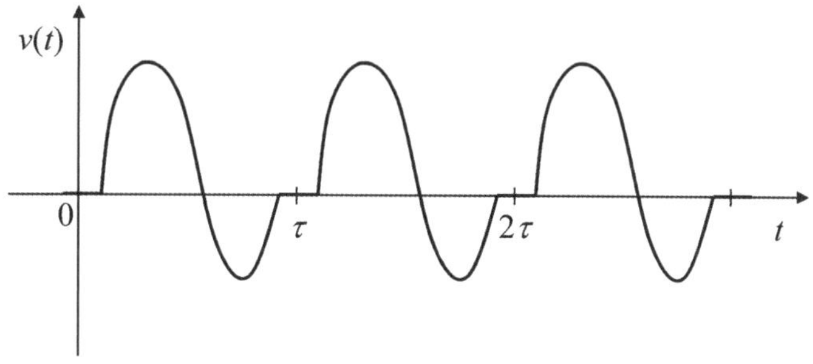

그림 4.1 임의의 주기 신호의 일부를 나타낸 그림

그림 4.1을 보면 임의의 모양을 한 어떤 신호가 τ의 시간을 주기로 반복되는 것을 알

수 있다. 시간 t의 함수인 신호를 $v(t)$라 나타내면, 주기 신호는 다음의 성질을 만족한다.

$$v(t+\tau)=v(t) \tag{4.1}$$

이렇게 τ를 주기로 갖는 주기 신호는 주기와 연관된 각진동수 ω_0을 갖는다. 즉,

$$\omega_0 = 2\pi f = \frac{2\pi}{\tau} \tag{4.2}$$

이다. 이러한 **주기 신호는 이 각진동수 ω_0과 ω_0의 자연수 배의 각진동수(즉, $2\omega_0$, $3\omega_0$, $4\omega_0$, $\cdots$)를 갖는 조화 함수들의 합으로 나타낼 수 있다.** 이러한 조화 함수들을 이 신호를 구성하는 **주파수 성분(frequency component)**이라고 한다. 이렇게 주기 신호의 주파수 성분을 찾는 것이 **Fourier 분석(Fourier analysis)**이다. Fourier 분석은 조화 함수의 특수한 수학적 성질에 기반하고 있다. 이러한 수학적 성질에 대해 먼저 알아보자.

4.2 조화 함수의 수학적 특성

앞에서 살펴봤듯이, 조화 함수란 sin과 cos 함수를 말한다. sin과 cos 함수는 주기 함수로서 보통 rad 단위로 나타내는 각도 값을 변수로 한다. 수학에서는 그냥 $\sin x$, $\cos x$로 적지만, 우리는 신호가 시간의 함수인 것을 고려하여 $\sin \omega_0 t$, $\cos \omega_0 t$라고 적겠다. $\cos x$ 대신 $\cos \omega_0 t$를 사용함은 조화 함수가 추상적으로 2π rad마다 반복되던 것에서 시간상으로 τ s마다 반복되는 것으로 바꾸어 나타냄을 의미한다. 이렇게 나타낸 $\sin \omega_0 t$, $\cos \omega_0 t$와, 이 함수들의 주기보다 자연수 배로 짧은 주기를 갖는 조화 함수들을 생각하자. 자연수 배로 짧은 주기를 갖는 조화 함수란 주기가 $\frac{\tau}{2}$, $\frac{\tau}{3}$, $\frac{\tau}{4}$, $\cdots$인 조화 함수, 즉 $\sin 2\omega_0 t$, $\cos 2\omega_0 t$, $\sin 3\omega_0 t$, $\cos 3\omega_0 t$, $\sin 4\omega_0 t$, $\cos 4\omega_0 t$, $\cdots$을 의미한다. 이제 이러한 조화 함수들의 집합을 생각해보자. 즉,

$$\{1, \cos\omega_0 t, \cos 2\omega_0 t, \cos 3\omega_0 t, \cdots, \sin\omega_0 t, \sin 2\omega_0 t, \sin 3\omega_0 t, \cdots\} \tag{4.3}$$

가 이러한 조화 함수들의 집합이다. 원소 '1'은 $\cos n\omega_0 t$에서 $n=0$인 경우라고 생각할 수 있다.

이 집합의 원소들을 서로 곱하여 주기에 대해 적분하면 다음의 성질을 만족함을 보일 수 있다.

$$\int_0^\tau \cos(m\omega_0 t)\cos(n\omega_0 t)\,dt = \frac{\tau}{2}\delta_{mn} \tag{4.4}$$

$$\int_0^\tau \sin(m\omega_0 t)\sin(n\omega_0 t)\,dt = \frac{\tau}{2}\delta_{mn} \tag{4.5}$$

$$\int_0^\tau \sin(m\omega_0 t)\cos(n\omega_0 t)\,dt = 0 \tag{4.6}$$

여기서 m, n은 임의의 자연수이며 δ_{mn}은 Kronecker 델타라고 부르며 다음과 같이 정의된다.

$$\delta_{mn} = \begin{cases} 1, & m = n \\ 0, & m \neq n \end{cases} \tag{4.7}$$

즉, (4.3)으로 나타낸 조화 함수들의 집합은 **주기에 대해 자기 자신과 적분했을 때만 0이 아니고, 다른 원소들과 적분하면 항상 0이 된다.**

문제

(4.4), (4.5), (4.6)이 성립함을 보이시오. 이를 위해 다음의 삼각함수 공식을 이용하시오.

$$\cos\alpha\cos\beta = \frac{1}{2}[\cos(\alpha+\beta)+\cos(\alpha-\beta)]$$

$$\sin\alpha\sin\beta = \frac{1}{2}[-\cos(\alpha+\beta)+\cos(\alpha-\beta)]$$

$$\sin\alpha\cos\beta = \frac{1}{2}[\sin(\alpha+\beta)+\sin(\alpha-\beta)]$$

이제 (4.3)으로 정의된 집합의 원소들에 대해 생각해 보자. 이 원소들에 대해 우리는 내적(inner product)을 정의할 수 있다. 내적이란 두 원소들에 대해 정의하는 어떤 연산을 말한다. 일반물리학에서는 벡터의 내적에 대해 정의한 바 있다. 임의의 벡터를 A, B라 하면 이 두 벡터의 내적을 A • B라 적고, 내적의 값은 이 두 벡터가 만드는 평행사변형의 면적으로 정의한 바 있다. 즉,

$$\mathrm{A} \cdot \mathrm{B} = AB\cos\theta \tag{4.8}$$

로 정의했다. 여기서 A, B는 각각 벡터 A, B의 크기이며, θ는 두 벡터의 사이 각이다. 이제 우리는 좀 더 일반적으로, (4.3)으로 나타낸 집합의 두 원소 사이의 내적을 **두 원소를 곱한 후 주기에 대한 적분**으로 정의하겠다. 예를 들어, $\cos\omega_0 t$와 $\sin 3\omega_0 t$ 사이의 내적은

$$\int_0^\tau \cos\omega_0 t \, \sin 3\omega_0 t \, dt \tag{4.9}$$

로 정의된다. 이 내적은 우리가 (4.6)에서 본 바와 같이 0이다. 이와 같이 내적을 정의해서 생각하면 모든 다른 원소 간의 내적은 0이며, 자기 자신과의 내적만이 0이 아님을 알 수 있다. 즉, 이 집합의 원소들은 **서로 수직**(mutually orthogonal)하다고 할 수 있다. 벡터의 내적에서 사용했던, 내적이 0이면 두 벡터는 '서로 수직'이라는 용어를 적분으로 정의한 좀 더 추상적인 내적에도 사용했음에 유의하자.

이렇게 '서로 수직'인 조화 함수 원소들은 이 성질을 이용하여 **임의의 함수를 나타낼 수 있다**. 이는 3차원 공간에 있는 임의의 벡터를 서로 수직인 단위 벡터를 이용하여 나타낼 수 있는 것과 마찬가지이다. 이 부분은 다음 절에서 좀 더 살펴보겠다.

4.3 Fourier 급수

이제 $[0, \tau]$ 구간에서 정의된 임의의 함수(주기 신호)를 cos 함수와 sin 함수로 나타

낼 수 있다는 것에 대해 살펴보자. 임의의 함수를 $v(t)$라고 적으면,

$$v(t) = \frac{1}{2}c_0 + \sum_{n=1}^{\infty} c_n \cos(n\omega_0 t) + \sum_{n=1}^{\infty} s_n \sin(n\omega_0 t) \tag{4.10}$$

로 나타낼 수 있다. 여기서 계수 c_n과 s_n은 $v(t)$로부터 다음과 같이 구한다.

$$c_n = \frac{2}{\tau}\int_0^{\tau} v(t)\cos(n\omega_0 t)\,dt \tag{4.11}$$

$$s_n = \frac{2}{\tau}\int_0^{\tau} v(t)\sin(n\omega_0 t)\,dt \tag{4.12}$$

(4.10)과 같이 주기 신호를 cos과 sin 함수의 선형 결합으로 나타낸 것을 **Fourier 급수 (Fourier series)**라고 부른다. (4.11), (4.12)의 c_n과 s_n을 이용하여 각각의 cos 함수와 sin 함수가 어느 정도 기여하여 주기 신호 $v(t)$를 만들어 내는지 결정하는 것을 Fourier 분석이라고 한다. c_n과 s_n을 찾으면 (4.10)을 이용하여 실제 신호 $v(t)$를 재구성해 낼 수 있다.

먼저, c_n과 s_n이 왜 (4.11)과 (4.12)로 주어지는지 알아보자. (4.10)에 $\cos(m\omega_0 t)$를 곱하여 주기 τ에 대해 적분해 보자. 그러면

$$\begin{aligned}\int_0^{\tau} v(t)\cos(m\omega_0 t)\,dt &= 0 + \sum_{n=1}^{\infty} c_n \int_0^{\tau}\cos(n\omega_0 t)\cos(m\omega_0 t)\,dt + 0 \\ &= \sum_{n=1}^{\infty} c_n \frac{\tau}{2}\delta_{nm} \\ &= \frac{\tau}{2}c_m\end{aligned} \tag{4.13}$$

을 얻는다. (4.13)의 첫째 줄, 우변 첫 번째 항의 0은 $\int_0^{\tau}\cos(m\omega_0 t)\,dt = 0$이라는 사실, 세 번째 항의 0은 (4.6), 즉 $\int_0^{\tau}\sin(n\omega_0 t)\cos(m\omega_0 t)\,dt = 0$에서 온 것이다. 두 번째 줄은 (4.4)를 이용하여 얻었으며, 세 번째 줄은 Kronecker 델타의 성질 (4.7)을 이용한 것

이다. (4.13)에서 첨자 m을 n으로 바꾸고 정리하면 c_n에 대한 (4.11)을 얻는다.

문제

s_n에 대한 (4.12)

$$s_n = \frac{2}{\tau}\int_0^\tau v(t)\sin(n\omega_0 t)\,dt$$

가 성립함을 보이시오. 또한, (4.11)로 정의된 c_n을 이용하여 나타내면 (4.10)의 첫 번째 상수 항이 $\frac{1}{2}c_0$임을 보이시오. (4.11)로 정의된 c_n에 $n=0$을 적용하면

$$c_0 = \frac{2}{\tau}\int_0^\tau v(t)\,dt$$

임에 유의하시오.

Fourier 분석에 대한 논의를 더 진행하기 전에 Fourier 급수 (4.10)의 수학적 의미에 대해 생각해 보자. 앞에서 3차원 공간에 존재하는 벡터 사이의 내적을 정의하여 벡터의 수직의 의미에 대해 생각해 본 바 있다. 3차원 공간에서 서로 수직인 3개의 벡터를 잡으면 이 벡터들을 이용하여 3차원 공간에 존재하는 임의의 벡터를 나타낼 수 있다. 보통 우리는 x축, y축, z축으로 잡는 직각좌표계의 각 축 방향으로 길이가 1인 벡터를 서로 수직인 3개의 벡터로 사용한다. 이러한 벡터는 길이가 1이라는 의미에서 단위 벡터(unit vector)라고 부르며, 이 3개의 벡터를 이용하여 임의의 벡터를 나타낼 수 있다는 의미에서 **기저(basis)** 벡터라고 부르기도 한다. 기저로 사용하는 x축, y축, z축 방향으로의 단위 벡터를 각각 $\hat{e}_1$, $\hat{e}_2$, $\hat{e}_3$라고 부르겠다. 이 기저 단위 벡터는 종종 $\hat{i}$, $\hat{j}$, $\hat{k}$로 부르기도 한다. 기저 단위 벡터는 다음의 성질을 만족한다.

$$\hat{e}_i \cdot \hat{e}_j = \delta_{ij} \tag{4.14}$$

기저 단위 벡터를 사용하면 임의의 벡터 V를 다음과 같이 나타낼 수 있다.

$$\mathrm{V} = V_1 \hat{\mathrm{e}}_1 + V_2 \hat{\mathrm{e}}_2 + V_3 \hat{\mathrm{e}}_3 = \sum_{i=1}^{3} V_i \hat{\mathrm{e}}_i \tag{4.15}$$

여기서 V_i를 벡터 V의 i축 방향 **성분(component)**이라고 부른다. 성분은 기저 단위 벡터가 서로 수직이라는 성질 (4.14)를 이용하여 구할 수 있다. 즉, (4.15)의 양변에 $\hat{\mathrm{e}}_j$의 내적을 취하면

$$\begin{aligned} \mathrm{V} \cdot \hat{\mathrm{e}}_j &= \sum_{i=1}^{3} V_i \hat{\mathrm{e}}_i \cdot \hat{\mathrm{e}}_j \\ &= \sum_{i=1}^{3} V_i \delta_{ij} \\ &= V_j \end{aligned} \tag{4.16}$$

가 된다. (4.16)의 첨자를 j에서 i로 바꾸면

$$V_i = \mathrm{V} \cdot \hat{\mathrm{e}}_i \tag{4.17}$$

임을 알 수 있다. **기저 벡터와의 내적**을 통해 성분, 즉 (4.15)에서 **기저 앞의 계수**를 구했음에 유의하자. 이렇게 기저 앞의 계수를 구하는 것은 우리가 앞에서 Fourier 급수의 계수를 구하는 것과 수학적으로는 완전히 동일한 과정이다. 차이는 Fourier 급수에서는 **내적이 적분으로 정의**되었다는 것과 서로 수직한 **기저의 개수가** 3차원 벡터 공간에서의 3개 대신 **무한 개**라는 것이다! (4.10)과 (4.15)의 유사성, (4.11), (4.12)와 (4.17)의 유사성에 대해 생각해 보라. 사실 (4.3)으로 정의된 집합 역시 일종의 벡터 공간이라고 할 수 있다. 기저의 개수가 무한대이므로 차원 역시 무한대이다. 이러한 무한 차원 벡터 공간은 $[0, \tau]$ 구간에서 정의된 임의의 함수가 거주하는 추상적인 수학적 공간이며, 전자기학이나 양자역학 등에서도 매우 유용하게 사용되는 개념이므로 알아 두면 좋다. Fourier 급수에서는 주기 함수를 다루므로 $[0, \tau]$에서 정의된 함수에 대해 생각했지만, $[0, L]$과 같은 공간 영역에서 정의된 함수에 대해서도 동일한 논의를 전개할 수 있다.

문제

(4.10)을 다음과 같이 나타낼 수 있음을 보이시오.

$$v(t) = \sum_{n=0}^{\infty} a_n \cos(n\omega_0 t - \alpha_n) \tag{4.18}$$

$n \geq 1$에 대해 (4.18)의 a_n, α_n은 (4.10)의 c_n, s_n과 어떻게 연관되는가? a_0, α_0은 c_0와 어떻게 연관되는가?

정답 $c_n = a_n \cos \alpha_n$

$s_n = a_n \sin \alpha_n$

$c_0 = 2a_0 \cos \alpha_0$

4.4 Fourier 급수의 응용

Fourier 분석 방법을 어떻게 하는지 간단한 예를 생각해 보자. **그림 4.2**는 주기 τ로 반복되는 사각파(rectangular wave) 신호의 일부를 보여준다.

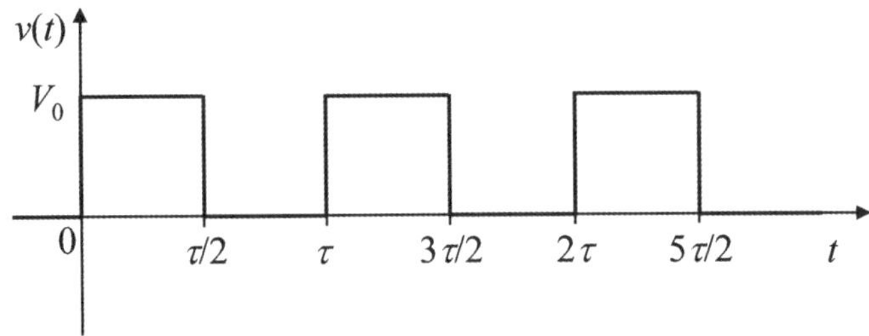

그림 4.2 주기 τ로 반복되는 사각파 신호의 일부를 나타낸 그림

이 신호를 식으로 나타내면 다음과 같다.

$$v(t) = \begin{cases} V_0, & 0 \le t < \dfrac{\tau}{2} \\ 0, & \dfrac{\tau}{2} \le t < \tau \end{cases} \tag{4.19}$$

이제 (4.11)과 (4.12)를 이용하여 c_n과 s_n을 구해보자. 먼저 c_0을 구하자.

$$c_0 = \frac{2}{\tau}\int_0^{\tau} v(t)\,dt = \frac{2}{\tau}\int_0^{\frac{\tau}{2}} v(t)\,dt = V_0 \tag{4.20}$$

(4.10)에서 상수항은 $\frac{1}{2}c_0$임을 상기하자. c_n은

$$\begin{aligned} c_n &= \frac{2}{\tau}\int_0^{\tau} v(t)\cos(n\omega_0 t)\,dt = \frac{2}{\tau}\int_0^{\frac{\tau}{2}} V_0\cos(n\omega_0 t)\,dt \\ &= \frac{2}{\tau}\frac{V_0}{n\omega_0}\sin(n\omega_0 t)\Big|_0^{\frac{\tau}{2}} = 0 \end{aligned} \tag{4.21}$$

이 된다. $\omega_0\tau = 2\pi$이므로 $\sin(n\omega_0\tau/2) = \sin(n\pi) = 0$인 사실을 이용했다. (4.21)에서 실제 적분을 했지만, 사실 c_n이 0이라는 것은 함수의 대칭성에서 알 수도 있다. **그림 4.2**에서 상수항인 $\frac{1}{2}c_0$, 즉 $\frac{1}{2}V_0$을 빼면 기함수가 되는데 cos은 우함수이기 때문에 기함수를 나타내는데 사용되지 않기 때문이다. 즉, 상수항을 제외한 $v(t)$의 모양이 기함수이면 cos의 계수인 c_n은 모두 0이 되는 것이다. 반대로, 만약 상수항을 제외한 $v(t)$의 모양이 우함수이면 이번에는 sin 함수의 계수인 s_n이 0이 될 것이다.

다음으로 s_n을 구하면

$$\begin{aligned} s_n &= \frac{2}{\tau}\int_0^{\tau} v(t)\sin(n\omega_0 t)\,dt = \frac{2}{\tau}\int_0^{\frac{\tau}{2}} V_0\sin(n\omega_0 t)\,dt \\ &= \frac{2}{\tau}\left(\frac{-V_0}{n\omega_0}\right)\cos(n\omega_0 t)\Big|_0^{\frac{\tau}{2}} = \frac{2V_0}{n\omega_0\tau}\left[1-(-1)^n\right] \end{aligned} \tag{4.22}$$

이 된다. $\cos(n\omega_0\tau/2) = \cos(n\pi) = (-1)^n$이라는 사실을 이용했다. $(-1)^n$은 n이 홀수

(odd number)일 때 -1이고 짝수(even number)일 때 1이므로, s_n은 다음과 같이 정리할 수 있다.

$$s_n = \begin{cases} \dfrac{2V_0}{n\pi}, & n = 1, 3, 5, \cdots \\ 0, & n = 2, 4, 6, \cdots \end{cases} \tag{4.23}$$

n이 홀수일 때만 0이 아니므로, n 대신 $(2n-1)$로 적고 n이 모든 양의 정수라고 바꿀 수 있다. 이렇게 바꾸어 적은 (4.23)을 이용하여 최종 Fourier 급수를 나타내면

$$v(t) = \frac{V_0}{2} + \sum_{n=1}^{\infty} \frac{2V_0}{(2n-1)\pi} \sin\left[(2n-1)\omega_0 t\right] \tag{4.24}$$

가 된다. (4.24)는 $v(t)$가 $\sin\omega_0 t$, $\sin 3\omega_0 t$, $\sin 5\omega_0 t$와 같은 sin 함수들의 합으로 표현됨을 보여준다. **그림 4.3**에 (4.24)의 식을 한 항씩 추가하여 더한 그림을 나타냈다. 더하는 항의 개수가 많아질수록 표현하고자 하는 신호에 근접하는 것을 볼 수 있다.

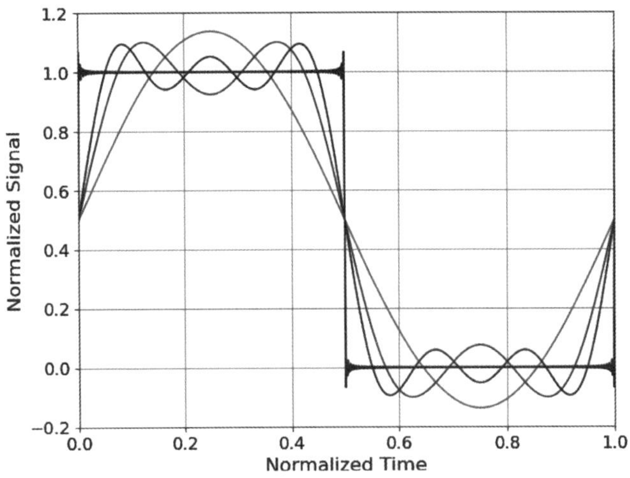

그림 4.3 정규화된 사각파 신호 $\dfrac{v(t)}{V_0}$를 Fourier 급수로 나타낸 그림. x축은 정규화된 시간 $\dfrac{t}{\tau}$이다. 변화가 심한 처음 세 곡선은 상수 값 0.5에 각각 $\dfrac{2}{\pi}\sin\omega_0 t$, $\dfrac{2}{3\pi}\sin 3\omega_0 t$, $\dfrac{2}{5\pi}\sin 5\omega_0 t$ 항까지 더한 것이다. 사각파에 근접한 마지막 곡선은 (4.24)식에서 $n = 200$까지 더한 것이다.

4.5 Fourier 급수와 주파수 응답

Fourier 급수는 임의의 주기 신호가 어떠한 **주파수 성분**으로 구성되어 있는지를 알려준다. 이때 각 주파수 성분의 기여도는 Fourier 계수인 c_n과 s_n이 나타낸다. 주기 신호를 이렇게 주파수 성분으로 분해하여 이해하면 이 신호를 어떤 시스템에 적용했을 때 이 시스템이 어떻게 반응하는지를 이 시스템의 **주파수 응답**을 이용하여 알아낼 수 있다. 이것은 시간 영역(time domain)에 있는 주기 신호를 주파수 영역(frequency domain)으로 바꾸어 생각하는 것이다. **그림 4.4**는 이러한 생각을 개념적으로 보여준다. 음영이 있는 부분이 주파수 영역이다.

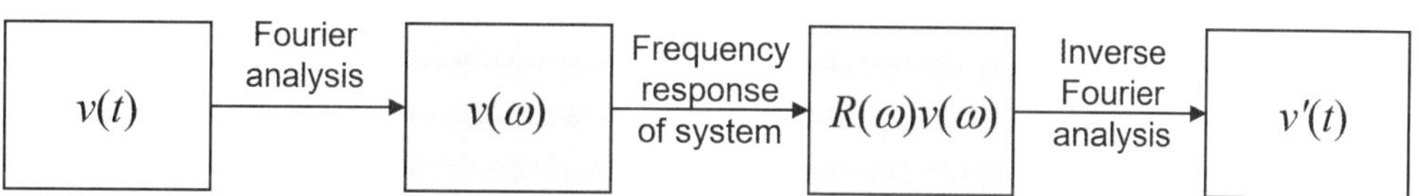

그림 4.4 시간 영역의 주기 신호를 주파수(진동수) 영역으로 변환하여 시스템의 반응을 계산하는 과정

시스템의 일반적 주파수 응답을 $R(\omega)$라 하자. 여기서 ω는, τ와 연관된 (4.2)의 ω_0과 구별된, 일반적 각진동수를 나타낸다. 시스템의 반응에는 위상지연도 있음에 유의해야 한다. 신호는 시스템을 지나며 진동수 별로 크기와 위상이 달라진다. 이를 **그림 4.4**에는 $R(\omega)v(\omega)$로 나타냈다. 그 다음에는 이렇게 시스템이 변형한 주파수 성분을 시간 영역에서 다시 모두 더하면 된다. 이렇게 얻은 것이 시스템을 통과한 주기 신호 $v'(t)$이다. **그림 4.4**에 나타난 이와 같은 개념을 이용하면 시스템을 지난 후의 신호 $v'(t)$은 다음과 같이 나타낼 수 있다.

$$v'(t) = \frac{1}{2}R(0)c_0 + \sum_{n=1}^{\infty} R(n\omega_0)c_n\cos(n\omega_0 t - \phi_n) + \sum_{n=1}^{\infty} R(n\omega_0)s_n\sin(n\omega_0 t - \phi_n) \tag{4.25}$$

$R(\omega)$에서 $\omega = n\omega_0$인 주파수 응답을 각 성분에 곱했으며, 그 주파수에서의 위상지연 ϕ_n을 고려했음에 유의하자.

문제

그림 3.12의 RC 회로에 사각파 주기 신호를 적용했을 때 축전기에 걸리는 전압을 Fourier 분석을 이용하여 구하시오.

정답
$$v_C'(t) = \frac{V_0}{2} + \sum_{n=1}^{\infty} \frac{1}{\sqrt{1+[(2n-1)\omega_0]^2 R^2 C^2}} \frac{2V_0}{(2n-1)\pi} \sin[(2n-1)\omega_0 t - \phi_n] \quad (4.26)$$

$$\phi_n = \tan^{-1}[(2n-1)\omega_0 RC] \quad (4.27)$$

그림 4.5는 사각파 신호를 적용했을 때 축전기에 걸리는 신호를 (4.26)과 (4.27)을 이용하여 정규화하여 나타낸 것이다. exponential 함수의 형태로 사각파 신호에 접근하는 것을 확인해 볼 수 있다.

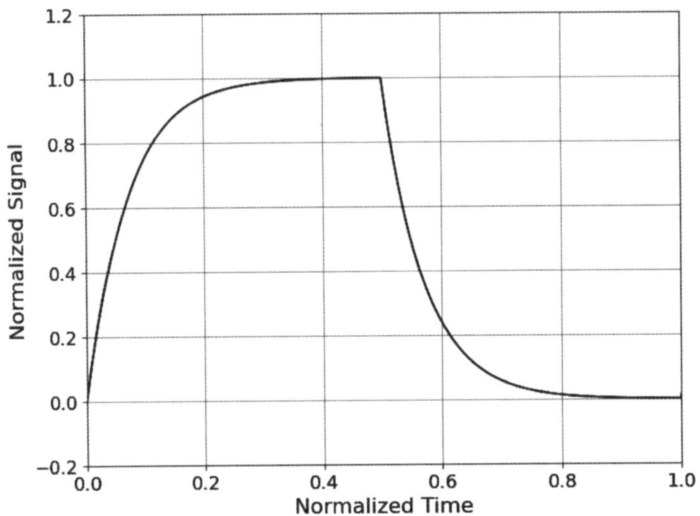

그림 4.5 직렬 RC 회로에 사각파 신호를 적용했을 때 축전기에 걸리는 정규화된 신호 $\frac{v_C'}{V_0}$을 (4.26)과 (4.27)을 이용하여 정규화된 시간 $\frac{t}{\tau}$에 따라 그린 그래프. $RC = 0.07\tau$를 가정하고 $n = 200$까지 더했다.

위의 연습에서 살펴본 바와 같이, 주파수 응답을 아는 시스템에 주기 신호를 입력했을 때 어떤 주기 신호를 출력으로 얻는지는 Fourier 분석을 이용하여 구할 수 있다.

5
파동과 파동 방정식

4장에서 시간에 따라 주기적으로 바뀌는 주기 신호에 대해 알아보았다. 이러한 주기 신호는 진동 운동에서 발생하는 것이며, 주기 신호가 공간적으로 퍼져나가는 것이 바로 **파동(wave)**이다. 파동은 자연계에서 쉽게 찾아 볼 수 있는 매우 중요한 현상이다. 예로서, 빛은 전자기파의 일종이며 우리가 매일 경험하는 파동 현상이다. 고전 전자기학에 따르면 전자기파는 전하의 강제 진동으로 인해 발생한다. 소리(음파) 또한 파동 현상으로서 분자나 원자의 강제 진동으로 인해 발생한다.

이렇게 발생한 파동은 어떻게 전파되는 것일까? 파동의 전파는 공간의 매 위치마다 진동자가 있으며, 이 진동자들이 바로 옆의 진동자들과 연결되어 신호를 전달하기 때문에 일어난다고 생각할 수 있다. 경기장의 관중들이 바로 옆자리 관중의 동작에 따라 제자리에서 손을 올리고 내리는 파도타기 응원을 이러한 예로 생각해 볼 수 있다. 공기에서 전파되는 음파의 경우, 이러한 진동자는 공기 분자이다. 전자기파의 경우, 진동자는 좀 더 추상적인 전기장과 자기장이다. 진동자를 구성하는 물질을 보통 **매질(medium)**이라고 부른다. 공기 중에서 전달하는 음파의 경우 매질은 공기이다. 물질 진동자가 없는 전자기파는 '매질이 없다'고 얘기하기도 한다.

이번 장에서는 앞에서 공부한 내용을 확장하여 파동 현상을 이해해 보자.

5.1 파동 함수의 성질

파동 현상의 핵심을 이해하기 위해 1차원 파동을 다루어 보자. 우리가 앞으로 종종 다룰 줄(string)에서 진행하는 파동이 1차원 파동의 예이다. 줄에서 진행하는 파동은 공간상의 1개 좌표(줄에서의 위치)에만 의존하므로 1차원 파동이라 부를 수 있다.

그림 5.1의 실선은 임의의 모양으로 생긴 1차원 파동의 어느 순간 모습을 보여준다. 매 위치마다 달라지는 진동 값 ψ를 공간 좌표 z에 따라 그린 것이다. 줄에서 진행하는 파동의 경우 ψ는 수직 변위가 되며, 줄에서의 위치가 z좌표가 된다. 파동은 시간이 흐르면서 이동하므로 시간에 따른 함수이기도 하다. 그러므로 파동의 진동 값은 $\psi(z,t)$로 나타내는 **2개의 변수에 의존하는 함수**이다. $\psi(z,t)$를 보통 **파동 함수**(wave function)라고 부른다. 파동이 실선으로 나타내어진 순간의 시각을 $t=0$이라 하면, 실선은 $\psi(z,0)$을 나타낸 것이 된다.

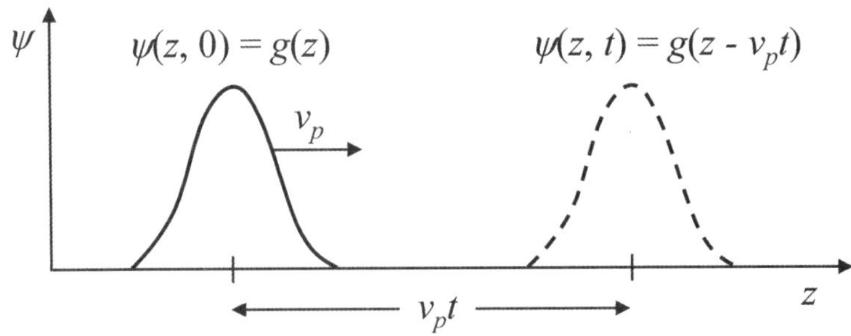

그림 5.1 임의의 모양으로 생긴 파동의 모습. 시간이 흐름에 따라 파동은 진행한다.

시간이 흘러 오른쪽으로 이동한 파동이 **그림 5.1**에서 끊어진 선으로 나타나 있다. 파동의 이동 속도를 v_p라고 하자. 시간이 t만큼 흘렀다면 파동은 $t=0$일 때의 파동을 $v_p t$만큼 오른쪽으로 **평행이동**시킨 것이 될 것이다. 즉,

$$\psi(z,t) = \psi(z - v_p t, 0) \tag{5.1}$$

이라고 할 수 있다. $\psi(z,0)$은 시간에 의존하지 않는 함수이므로 이를 또 다른 함수 $g(z)$라고 부르면, 임의의 시간 t에서의 파동 함수 값은 이 함수를 $v_p t$만큼 **평행이동**시킨 것이다. 다시 말하면,

$$\psi(z,t) = g(z - v_p t) \tag{5.2}$$

라는 함수 모양을 갖는다고 할 수 있다. 예를 들어,

$$\begin{aligned}\psi_1(z,t) &= A\,e^{-B(z-v_p t)^2} \\ \psi_2(z,t) &= A\sin[C(z-v_p t)] \\ \psi_3(z,t) &= \frac{A}{B(z-v_p t)^2+1}\end{aligned} \tag{5.3}$$

와 같은 함수 모양은 모두 파동을 나타낸다고 할 수 있다(여기서 A, B, C는 상수이다). 함수가 모두 $z-v_p t$의 변수를 포함하고 있기 때문이다. 반면,

$$\begin{aligned}\psi_4(z,t) &= A\,e^{-(Bz^2+Cv_p t)} \\ \psi_5(z,t) &= A\sin(Cz)\cos^3(Dv_p t)\end{aligned} \tag{5.4}$$

는 파동을 나타낸다고 할 수 없다(D는 상수이다). 변수 z와 t를 $z-v_p t$와 같은 모양으로 나타낼 수 없기 때문이다.

5.2 파동 방정식

줄에서 진행하는 파동의 예를 들어 파동이 만족하는 방정식을 유도해 보자. 파동이 만족하는 방정식을 **파동 방정식(wave equation)**이라고 한다. **그림 5.2**는 줄에서 진행하는 파동의 일부분을 나타낸 것이다. 시간은 고정되어 있다. 줄에는 장력 T가 걸려 있다.

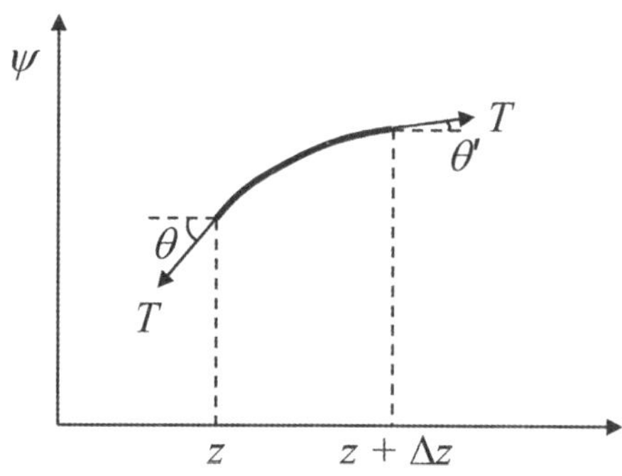

그림 5.2 잡아당겨진 줄에서 진행하는 파동의 일부분을 나타냄 그림

이 줄의 일부분에 작용하는 장력의 수직 성분을 생각해 보자. 그림에서 보면 줄에서의 위치에 따라 파동의 모양이 다르며 z축과 이루는 각도도 변화함을 알 수 있다. 장력의 수직 성분은 sin 값을 곱하면 되므로 알짜 수직 힘은 다음과 같다.

$$\Delta F = T\sin\theta' - T\sin\theta \tag{5.5}$$

(5.5) 식의 ΔF에서 Δ는 길이 Δz인 줄의 일부분에 작용하는 힘이라는 의미이다. 각도가 작다고 가정하면 $\sin$을 $\tan$로 근사할 수 있으며 $\tan$는 기울기이므로 미분한 양으로 나타낼 수 있다. 즉,

$$\begin{aligned}\Delta F &\simeq T(\tan\theta' - \tan\theta) \\ &= T\left(\left.\frac{\partial T}{\partial z}\right|_{z+\Delta z} - \left.\frac{\partial T}{\partial z}\right|_{z}\right)\end{aligned} \tag{5.6}$$

이다. 1차 미분한 양의 차이는 2차 미분한 양에 길이를 곱함으로 근사할 수 있으므로

$$\Delta F \simeq T\frac{\partial^2\psi}{\partial z^2}\Delta z \tag{5.7}$$

의 식을 얻는다. 이렇게 수직 방향 힘을 받는 줄의 일부분에 Newton의 제2법칙을 적용하면 다음과 같다.

$$\Delta F \simeq (\mu\Delta z)\frac{\partial^2\psi}{\partial t^2} \tag{5.8}$$

위에서 μ는 줄의 질량 밀도로서 단위 길이당 질량으로 정의된다. μ를 종종 줄의 선밀도라고 부른다. $\mu\Delta z$가 Δz인 줄의 질량이며 $\dfrac{\partial^2\psi}{\partial t^2}$가 수직 방향으로의 가속도이다.

이제 (5.7)과 (5.8)을 같게 놓으면

$$T\frac{\partial^2\psi}{\partial z^2} = \mu\frac{\partial^2\psi}{\partial t^2} \tag{5.9}$$

의 방정식을 얻게 된다. 이 방정식을 보통 다음과 같이 정리하여 나타낸다.

$$\frac{\partial^2\psi}{\partial z^2} = \frac{1}{v_p^2}\frac{\partial^2\psi}{\partial t^2} \tag{5.10}$$

여기서

$$v_p = \sqrt{\frac{T}{\mu}} \tag{5.11}$$

이다. (5.10)을 **파동 방정식**이라고 부른다. 여기서는 줄에서의 파동을 가정하여 유도했지만, 우리가 관심 있는 많은 파동들은 (5.10)과 동일한 형태의 방정식을 만족한다. 이 방정식의 형태를 잘 기억해 놓자. 파동 방정식은 공간에 대한 2번의 편미분과 시간에 대한 2번의 편미분이 연결되어 표시된 것이다. 유도를 하며 부수적으로 (5.11)을 얻었는데, 이렇게 얻은 v_p가 앞에서 이야기한 파동의 이동 속도가 된다.

v_p가 파동의 이동 속도임을 확인하기 위해 앞에서 논의한 (5.2)의 파동 함수가 파동 방정식 (5.10)을 만족함을 보이자. v_p로 이동하는 파동을 나타내는 파동 함수는 $\psi(z,t) = g(z - v_p t)$의 모양을 갖는다. 증명을 위해 새로운 변수 u를 다음과 같이 도입한다.

$$u = z - v_p t \tag{5.12}$$

그러면 파동 함수를 나타내는 g는 u만의 함수, 즉 $g(u)$라고 할 수 있다. 파농 함수 $\psi(z,t)$를 편미분하는 것은 g를 편미분하는 것이다. 먼저 z에 대해 편미분하면 연쇄 법칙을 이용하여 다음과 같이 적을 수 있다.

$$\frac{\partial\psi}{\partial z} = \frac{\partial g}{\partial z} = \frac{dg}{du}\frac{\partial u}{\partial z} = \frac{dg}{du}\cdot 1 = \frac{dg}{du} \tag{5.13}$$

$\frac{\partial u}{\partial z}$는 (5.12)로부터 1이라는 사실을 이용했다. (5.13)을 한 번 더 z에 대해 편미분하자. 그러면

$$\frac{\partial^2 \psi}{\partial z^2} = \frac{\partial}{\partial z}\frac{dg}{du} = \frac{d^2 g}{du^2}\frac{\partial u}{\partial z} = \frac{d^2 g}{du^2} \tag{5.14}$$

이 된다. 이제 파동 함수를 t에 대해 편미분해 보자. 1차로 편미분하면

$$\frac{\partial \psi}{\partial t} = \frac{\partial g}{\partial t} = \frac{dg}{du}\frac{\partial u}{\partial t} = \frac{dg}{du}\cdot(-v_p) = -v_p\frac{dg}{du} \tag{5.15}$$

를 얻는다. $\frac{\partial u}{\partial t}$는 (5.12)로부터 $-v_p$라는 사실을 이용했다. (5.15)를 한 번 더 t에 대해 편미분하면 다음을 얻는다.

$$\frac{\partial^2 \psi}{\partial t^2} = \frac{\partial}{\partial t}\left(-v_p\frac{dg}{du}\right) = -v_p\frac{d^2 g}{du^2}\frac{\partial u}{\partial t} = (-v_p)^2\frac{d^2 g}{du^2} = v_p^2\frac{d^2 g}{du^2} \tag{5.16}$$

이제 (5.14)와 (5.16)을 비교해 보자. $\frac{d^2 g}{du^2}$가 공통이므로 이에 대해 정리하면

$$\frac{\partial^2 \psi}{\partial z^2} = \frac{d^2 g}{du^2} = \frac{1}{v_p^2}\frac{\partial^2 \psi}{\partial t^2}$$

을 얻으며, 이는 바로 파동 방정식 (5.10)이다. 다시 말해, (5.2)와 같은 형태를 갖는 파동 함수는 파동 방정식을 만족하며, 이는 파동 방정식의 v_p가 바로 파동의 이동 속도임을 확인해 준다. (5.11)은 줄에서 진행하는 파동의 이동 속도가 줄의 장력 T와 줄의 질량 밀도 μ에 의해 결정됨을 알려준다. 파동의 이동 속도는 파동의 종류에 따라 다른 요소에 의해 결정되며, 파동이 진행하는 매질의 특성이 궁극적으로 결정한다. 줄에서의 파동의 경우 장력과 질량 밀도가 매질의 특성이라고 말할 수 있으며, 장력이 클수록, 질량 밀도가 작을수록 이동 속도가 빨라짐을 (5.11)은 알려준다. 전자기파의 경우는 공간이 전기

장과 자기장에 어떻게 반응하느냐가 이동 속도를 결정짓는다.

지금까지 우리는 파동이 오른쪽, 즉 $+z$ 방향으로 이동하는 경우를 생각했다. 하지만 반대로 왼쪽, 즉 $-z$ 방향으로 이동하는 파동도 있을 수 있다. 이 경우, 파동 함수는 다음의 형태를 띨 것이라고 바로 말할 수 있다.

$$\psi(z,t) = h(z+v_p t) \tag{5.17}$$

h는 임의의 또 다른 함수이며, 변수가 $z+v_p t$로 표현되므로 왼쪽으로 이동하는 파동임을 알 수 있다. (5.17)로 나타낸 파동 함수도 (5.10)의 파동 방정식을 만족함을 쉽게 보일 수 있다.

문제

$\psi(z,t) = h(z+v_p t)$가 파동 방정식 (5.10)을 만족함을 보이시오.

(5.10)의 파동 방정식은 각각의 해 $g(z-v_p t)$와 $h(z+v_p t)$의 선형 결합도 해가 되는 선형 미분 방정식이다. 즉, $g(z-v_p t)+h(z+v_p t)$도 파동 방정식을 만족한다. 이는 다음과 같이 간단히 보일 수 있다.

$$\frac{\partial^2}{\partial z^2}(g+h) = \frac{\partial^2 g}{\partial z^2} + \frac{\partial^2 h}{\partial z^2} = \frac{1}{v_p^2}\frac{\partial^2 g}{\partial t^2} + \frac{1}{v_p^2}\frac{\partial^2 h}{\partial t^2} = \frac{1}{v_p^2}\frac{\partial^2}{\partial t^2}(g+h)$$

그러므로 파동을 표현하는 가장 일반적인 식은 다음과 같이 적을 수 있다.

$$\psi(z,t) = g(z-v_p t) + h(z+v_p t) \tag{5.18}$$

(5.18)의 우변에서 첫 번째 항은 오른쪽으로 이동하는 파동, 두 번째 항은 왼쪽으로 이동하는 파동을 나타냄을 상기하자. (5.18)을 d'Alembert의 해라고 부르기도 한다. 물리적

으로, (5.18)의 식은 중첩된, 즉 서로 겹쳐놓은 파동도 파동임을 나타낸다. (5.18)을 파동의 **중첩 원리**(superposition principle)라고 부를 수 있다. (5.18)의 형태가 아니더라도, 예컨대 모두 오른쪽으로 이동하는 g의 형태를 갖는 2개의 파동을 겹쳐도 또한 파동임을 알 수 있으며, 이 역시 중첩 원리라고 할 수 있다.

5.3 조화 함수 파동

이제 임의의 함수 모양이 아니라 조화 함수로 나타낼 수 있는 파동에 대해 생각해 보자. 식으로 적으면 다음과 같다.

$$\psi(z,t) = A\cos\left[k(z - v_p t) + \phi\right] \tag{5.19}$$

여기서 A는 **진폭**(amplitude), ϕ는 **위상 상수**(phase constant)라고 부른다. k는 길이의 역수 단위를 갖는 상수이다. 함수의 변수가 $z - v_p t$로 표시되어 있으므로, 이 파동 함수는 $+z$ 방향으로 이동하는 파동을 나타낸다. (5.19)와 같이 $\cos$ (또는 $\sin$)으로 나타낼 수 있는 파동을 정현파(sinusoidal wave)라는 이름으로 부르기도 한다. 이제 (5.19)를 다음과 같이 다시 적어보자.

$$\psi(z,t) = A\cos(kz - \omega t + \phi) \tag{5.20}$$

(5.20)으로 다시 적으면서 ω를

$$\omega \equiv kv_p \tag{5.21}$$

로 정의하여 사용했다. $z = 0$인 위치에서 (5.20)은 다음과 같이 표시된다.

$$\psi(0,t) = A\cos(\omega t - \phi) \tag{5.22}$$

(5.22)는 우리가 많이 본 단순 조화 진동이다. 즉 (5.21)로 정의된 ω는 앞에서 많이 살펴본 각진동수의 의미를 갖는다. **그림 5.3**에 고정된 위치($z=0$)에서 바라본 파동의 모습을 시간 t의 함수로 나타냈다.

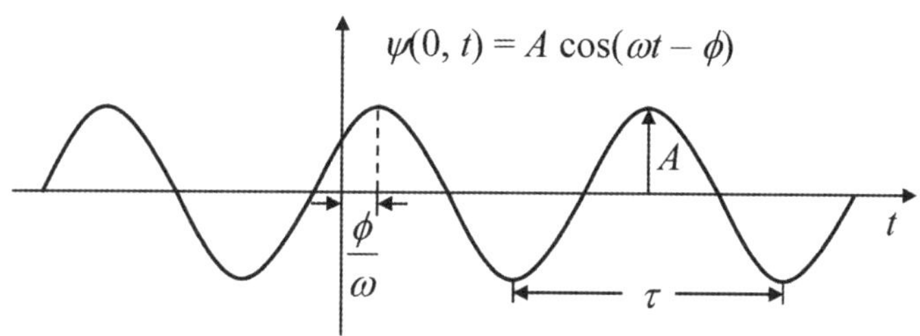

그림 5.3 $z=0$에서 바라본 파동의 모습

진동의 주기를 τ라고 하면

$$w\tau = 2\pi \tag{5.23}$$

이므로,

$$w = \frac{2\pi}{\tau} = 2\pi f \tag{5.24}$$

임을 다시 한 번 상기하자.

이제 시간을 고정해 놓고 생각해 보자. 간단히 $t=0$인 순간을 생각해 보면 (5.20)은

$$\psi(z,0) = A\cos(kz+\phi) \tag{5.25}$$

가 된다. (5.25)는 공간에 대한 주기 함수를 나타낸다. 이 경우 파동의 모습을 다음 페이지의 **그림 5.4**에 나타냈다.

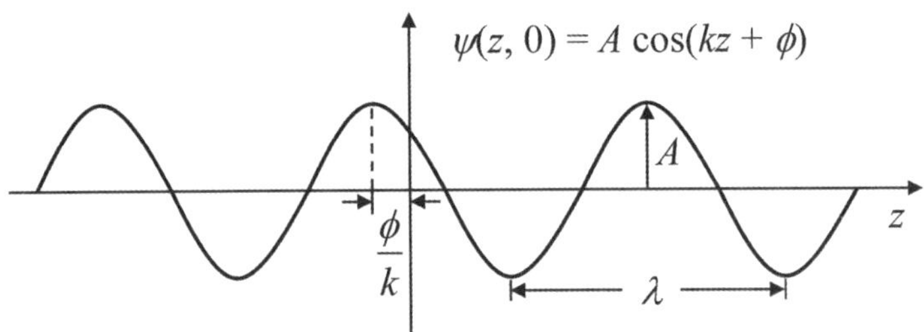

그림 5.4 $t=0$일 때 바라본 파동의 모습

파동은 파장(wavelength)이라 부르는 길이를 (공간) 주기로 하여 반복되는데, 파장을 보통 λ라는 문자로 나타낸다. (5.25)를 보면

$$k\lambda = 2\pi \tag{5.26}$$

여야 하므로

$$k = \frac{2\pi}{\lambda} \tag{5.27}$$

임을 알 수 있다. 이렇게 정의된 k를 파동수(wavenumber), 또는 파수라고 부른다. 좀 더 엄밀하게는 $\frac{2\pi}{\lambda}$를 각파수라고 부르고 $\frac{1}{\lambda}$을 파수라고 부르는 것이 맞겠지만, $\frac{1}{\lambda}$을 잘 사용하지 않으므로 그냥 $\frac{2\pi}{\lambda}$을 파수라고 부른다.

(5.21)를 파동의 진행 속도에 대해 다시 적으면

$$v_p = \frac{\omega}{k} \tag{5.28}$$

가 된다. 이 식을 (5.24)와 (5.27)을 이용하여 파동의 진동수와 파장으로 다시 적으면

$$v_p = \frac{\omega}{k} = \frac{2\pi f}{\frac{2\pi}{\lambda}} = f\lambda \tag{5.29}$$

가 됨을 알 수 있다. (5.29)가 많이 알려졌지만 (5.28)도 널리 쓰이는 식이니 반드시 알고 있도록 하자.

문제

파수 k와 각진동수 ω를 갖는, **왼쪽**으로 이동하는 조화 함수 파동의 파동 함수를 적으시오.

정답 $\psi(z,t) = A\cos(kz + \omega t + \phi')$

단순 조화 운동의 경우와 마찬가지로, 조화 함수로 나타낸 파동 함수도 복소수 표현을 종종 사용한다. (5.20)의 파동 함수를 복소수 표현으로 나타내면

$$\psi(z,t) = \mathrm{Re}\left[A e^{i(kz - \omega t + \phi)}\right] \tag{5.30}$$

라고 적을 수 있다. 여기서는 i가 복소수 단위임에 유의하자. 종종 위상 상수 ϕ를 진폭에 넣어 복소수 진폭을 정의하여 사용하기도 한다. 즉, 복소수 진폭 $\widetilde{A}$는

$$\widetilde{A} \equiv A e^{i\phi} \tag{5.31}$$

로 정의된다. 복소수 진폭을 이용하면

$$\psi(z,t) = \mathrm{Re}\left[\widetilde{A} e^{i(kz - \omega t)}\right] \tag{5.32}$$

가 된다. 이를 좀 더 간단히

$$\widetilde{\psi}(z,t) = \widetilde{A} e^{i(kz - \omega t)} \tag{5.33}$$

로 나타내며, 실제 파동 함수는 (5.33)의 실수부라고 이해해야 한다. 더 게으르게는 '~' 표시도 없애버리고

$$\psi(z, t) = A e^{i(kz - \omega t)} \tag{5.34}$$

로 나타내기도 하는데, 이렇게 적을 경우라도 실제 파동 함수는 (5.34)처럼 적은 식의 실수부인 (5.20)임을 기억해야 한다.

복소수 표현을 (5.34)처럼 복소수 단위 i를 이용하여 적는 것은 보통 물리 분야에서 많이 사용하는 방법이다. 전기전자 분야에서는 복소수 단위로 j를 사용하며, 이 경우 보통 복소수 표현을 적을 때 공간과 시간 변수 적는 순서를 달리하여

$$\psi(z, t) = A e^{j(\omega t - kz)} \tag{5.35}$$

로 적는다. (5.34)와 (5.35)의 표기법 차이는 $z = 0$인 위치에서 진동 운동의 시간 의존성이 $e^{-i\omega t}$인지 $e^{j\omega t}$인지의 차이를 낳는다. 하지만 이는 수학적 표기법의 차이일 뿐, 물리적으로 달라지는 것은 없다.

문제

(5.35)로 나타낸 파동 함수는 왼쪽으로 이동하는 파동을 나타내는가, 오른쪽으로 이동하는 파동을 나타내는가?

정답 오른쪽으로 이동하는 파동

5.4 파동의 다른 예

파동의 대표적인 예는 전자기파이다. 특히 평면 전자기파는 1차원 전자기파로서, 전자기파의 전기장 E는 (5.34)와 같은 표기법으로 다음과 같이 수식으로 나타낼 수 있다.

$$\mathrm{E}(z, t) = \mathrm{E}_0 e^{i(kz - \omega t)} \tag{5.36}$$

E_0은 파동의 진폭으로서, (5.36)과 같이 $+z$ 방향으로 진행하는 전자기파의 E_0은 xy 평면 위에 놓여있다. 전자기파는 전기장뿐만 아니라 자기장 B도 (5.36)과 같이 이동하는 파동이다. **그림 5.5**는 이러한 전자기파의 모습을 보여준다.

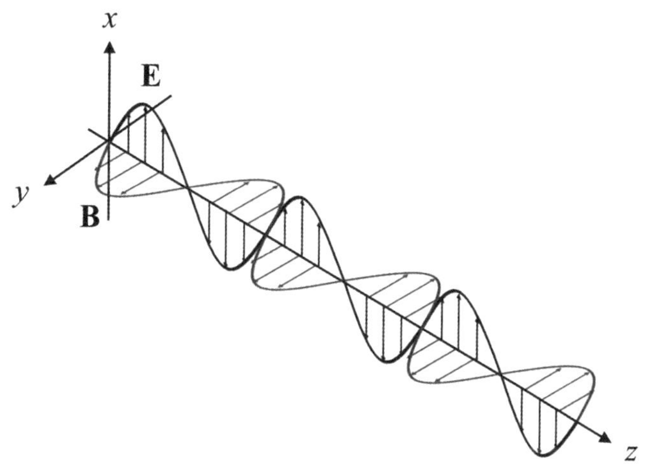

그림 5.5 $+z$ 방향으로 진행하는 전자기파의 모습. 전기장 E와 자기장 B가 서로 수직으로 진동하며 진행한다.

전자기파는 다음의 파동 방정식을 만족한다는 것을 전기장과 자기장에 대한 Maxwell 방정식으로부터 보일 수 있다.

$$\frac{\partial^2 \mathrm{E}}{\partial z^2} = \frac{1}{v_p^2}\frac{\partial^2 \mathrm{E}}{\partial t^2} \tag{5.37}$$

여기서 파동의 이동 속력인 v_p는

$$v_p = \frac{1}{\sqrt{\mu\epsilon}} \tag{5.38}$$

로 주어지며, μ와 ϵ은 각각 전자기파가 진행하는 물질의 투자율(magnetic permeability)와 유전율(electric permittivity)이다. 물질이 없는 진공의 경우 μ와 ϵ은 μ_0과 ϵ_0으로 바뀌는데, 이때 전자기파의 이동 속도를 보통 c라는 문자로 나타내며 그 값은

3×10^8 m/s이다.

파동의 또 다른 중요한 예는 전송선(transmission line)에서 이동하는 전기 신호이다. 전송선은 교류나 고주파 전기 신호를 한 지점에서 다른 지점으로 전달하는 도파로(waveguide)의 일종이다. 전송선은 보통 2개의 금속을 이용하여 그 사이에 전기장을 가두어 다른 지점으로 전달한다. 전송선의 예로는 동축 케이블(coaxial cable)이 있다. 동축 케이블은 가운데 금속 심(core)을 다른 금속이 둘러싸고 있는 형태를 띠고 있으며, 두 개의 금속 사이에 전기장이 속박되어 전달된다. 전송선은 이 외에도 여러 가지 다양한 형태가 있으며, 전자 회로에서 점점 더 고주파 신호를 사용함에 따라 그 응용이 더욱 증가하고 있다. **그림 5.6**은 전송선의 예를 보여준다.

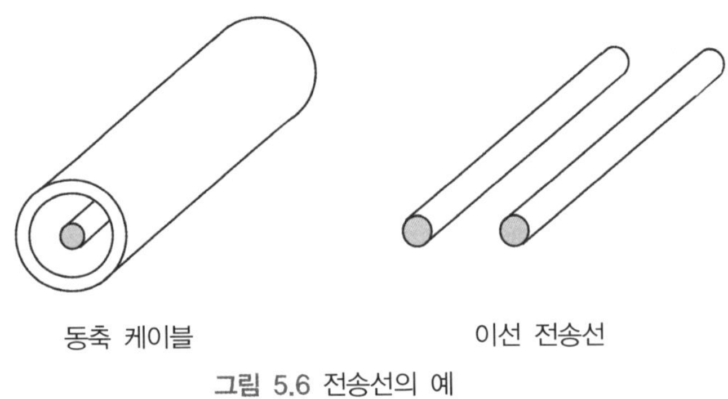

그림 5.6 전송선의 예

전송선을 사용해야 하는 이유는 교류 신호가 도선의 내부로 진행하지 못하고 표면으로 진행하게 되기 때문이다. 이를 **표피 효과**(skin effect)라고 한다. 표피 효과는 시간에 따라 변하는 전기장이 도체를 투과하지 못하는 성질 때문에 발생하며, **주파수가 증가할수록 심해진다.** 이로 인해 고주파 신호는 단순한 도선으로 보낼 경우 손실이 매우 크다. 그러므로 두 개의 도체로 구성된 전송선을 사용하는 것이다. 보통 300 MHz에서 300 GHz 사이의 주파수를 갖는 신호를 **마이크로파**(microwave)라고 하는데, 이 경우에는 파장이 짧아 회로 내에서 진행하는 교류 신호를 파동으로 다루어야 한다. 예를 들어 10 GHz의 전기 신호를 전달하는 회로를 사용한다고 생각해 보자. 이 경우 파장은

$$\lambda = \frac{c}{f} = \frac{3 \times 10^8 \text{ m/s}}{10 \times 10^9 \text{ /s}} = 0.03 \text{ m} = 3 \text{ cm}$$

가 된다.[1)] 이 정도의 파장을 가지면 도선 내에서의 전류와 전압을 일정하다고 취급할 수 없으며 도선 내의 위치마다 전류와 전압의 값이 달라지는 파동으로 취급해야 한다. **그림 5.7**은 이선 전송선 내에서의 전하 분포와 이로 인한 전기장이 파동으로 이동하는 모습을 보여주고 있다.

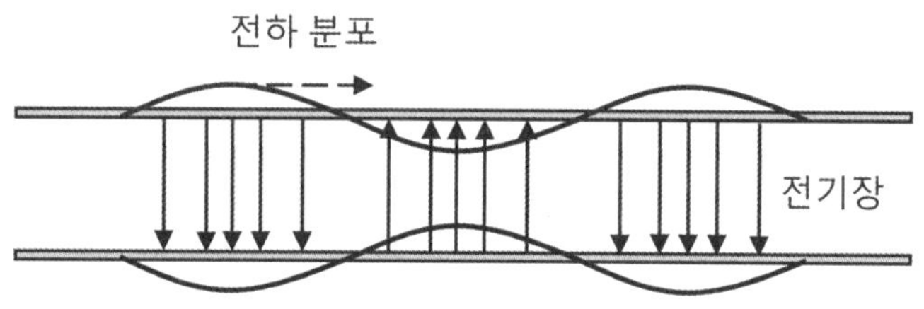

그림 5.7 이선 전송선 내의 전하 분포로 인한 전기장 파동

그림 5.8은 이상적인 전송선을 회로 요소로 나타낸 등가회로이다. 이상적 전송선은 유도기와 축전기로만 나타낼 수 있으며, 저항기 요소가 없으므로 아무런 손실이 없다. 전송선은 두 개의 도선(도체)으로 구성되어 있으므로, 도선에 존재하는 유도용량과 두 도선 사이의 전기용량을 고려해야 한다. 이러한 유도용량과 전기용량은 전 도선에 걸쳐 존재하므로, 보통 단위 길이당 유도용량 L과 단위 길이당 전기용량 C를 보통 사용하게 된다. 그러므로 **그림 5.8**은 Δz인 길이의 전송선을 그 길이에 존재하는 유도용량 $L\Delta z$와 전기용량 $C\Delta z$를 이용하여 나타낸 것이다. 전류 $i(z,t)$와 전압 $v(z,t)$가 Δz를 지나며 회로 요소로 인해 달라지므로 $i(z+\Delta z,t)$, $v(z+\Delta z,t)$로 달리 표현했음에 유의하자.

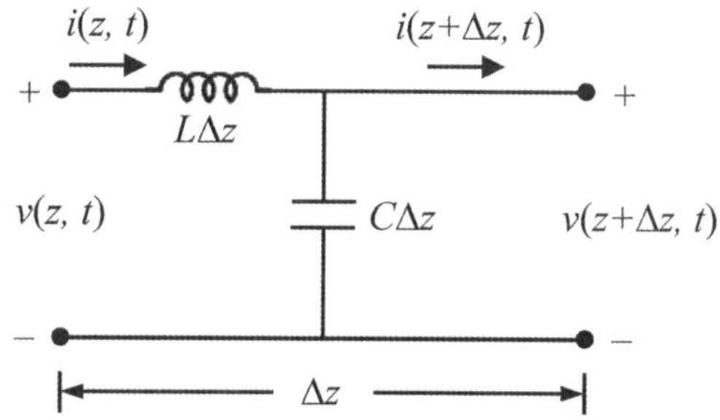

그림 5.8 전송선을 회로 요소로 나타낸 등가회로

---

1) 전송선에서 이동하는 전자기파의 속도는 진공에서의 속도와 다른 경우도 있지만, 여기서는 동일하다고 가정했다.

이제 전송선 방정식을 유도해 보자. Kirchhoff의 전압 법칙을 **그림 5.8**의 등가회로에 적용하면

$$v(z,t)-(L\Delta z)\frac{\partial i(z,t)}{\partial t}-v(z+\Delta z,t)=0 \tag{5.39}$$

을 얻는다. 이 식을 정리하면

$$\frac{v(z+\Delta z,t)-v(z,t)}{\Delta z}=-L\frac{\partial i(z,t)}{\partial t} \tag{5.40}$$

와 같다. $\Delta z\to 0$이라 하면

$$\frac{\partial v}{\partial z}=-L\frac{\partial i}{\partial t} \tag{5.41}$$

의 미분방정식을 최종적으로 얻게 된다. 이 방정식은 전압의 공간 미분과 전류의 시간 미분이 연결되어 있는 방정식이다.

이제 Kirchhoff의 전류 법칙을 **그림 5.8**의 등가회로에 적용해 보자. 그러면

$$i(z,t)-(C\Delta z)\frac{\partial v(z+\Delta z,t)}{\partial t}-i(z+\Delta z,t)=0 \tag{5.42}$$

의 방정식을 얻는다. 위 식 좌변의 두 번째 항은 축전기에 저장되는 전하를 미분하여 축전기를 통해 흘러가는 전류를 구한 것이다. 이 방정식을 정리하면

$$\frac{i(z+\Delta z,t)-i(z,t)}{\Delta z}=-C\frac{\partial v(z+\Delta z,t)}{\partial t} \tag{5.43}$$

가 된다. 앞에서와 마찬가지로 $\Delta z\to 0$이라 하면

$$\frac{\partial i}{\partial z} = -C\frac{\partial v}{\partial t} \tag{5.44}$$

의 방정식을 얻는다. 이 방정식은 전류의 공간 미분과 전압의 시간 미분을 연결 짓고 있다. 이 방정식을 앞에서 얻은 (5.41)과 비교해 보자. 이 두 개의 방정식은 전류와 전압이 연결되어 있는 일종의 연립 미분 방정식이다. 이 연립 방정식으로부터 전압만의 방정식을 얻고 싶으면 (5.41)을 z에 대해 편미분하면 된다. 즉,

$$\frac{\partial^2 v}{\partial z^2} = -L\frac{\partial}{\partial z}\frac{\partial i}{\partial t} = -L\frac{\partial}{\partial t}\frac{\partial i}{\partial z} = LC\frac{\partial^2 v}{\partial t^2} \tag{5.45}$$

을 얻게 된다. 중간에 전류 i가 연속함수이므로 시간에 대한 편미분과 공간에 대한 편미분의 순서를 바꿔 적었다. (5.45)의 방정식은 파동 방정식임을 쉽게 알 수 있다. 파동의 이동속도를

$$v_p = \frac{1}{\sqrt{LC}} \tag{5.46}$$

로 놓으면 (5.45)는

$$\frac{\partial^2 v}{\partial z^2} = \frac{1}{v_p^2}\frac{\partial^2 v}{\partial t^2} \tag{5.47}$$

의 전압 파동 방정식이 된다. (5.44)를 z에 대해 편미분하는 것으로 시작한다면, 동일한 속도로 이동하는 다음과 같은 전류의 파동 방정식을 구할 수도 있다.

$$\frac{\partial^2 i}{\partial z^2} = \frac{1}{v_p^2}\frac{\partial^2 i}{\partial t^2} \tag{5.48}$$

전송선에서 $LC = \mu\epsilon$의 관계가 성립함을 보일 수 있는데, 이 관계는 전송선에서 전압 또는 전류의 파동이 전자기파와 동일한 속도로 움직인다는 것을 말해준다.

(5.47)의 전압 파동 방정식은 전압 파동이

$$v(z,t) = g(z - v_p t) \tag{5.49}$$

와 같은 함수 형태를 가짐을 알려준다. 이 경우, 전류 파동은 (5.44)로부터

$$\frac{\partial i}{\partial z} = -C\frac{\partial v}{\partial t} = v_p C g'(z - v_p t) \tag{5.50}$$

가 되는데, 이 식을 z에 대해 적분하여

$$i = v_p C g(z - v_p t) = \sqrt{\frac{C}{L}}\, g(z - v_p t) \tag{5.51}$$

의 식을 얻을 수 있다. 파동으로 진행하는 전압과 전류의 비를 **특성 임피던스(characteristic impedance)**라고 정의해 사용한다. 즉, 전송선의 특성 임피던스 Z는

$$Z \equiv \frac{v(z,t)}{i(z,t)} = \sqrt{\frac{L}{C}} \tag{5.52}$$

이다. 특성 임피던스는 전압와 전류의 비이므로 여전히 Ω의 단위를 갖는 물리량이다. 앞의 교류 회로에서 살펴봤던 임피던스가 부하(load)와 연관된 양이었던데 비해, 특성 임피던스는 전압 또는 전류 파동이 이동하는 전송선, 즉 **매질의 성질**임에 유의하자. 특성 임피던스는 파동의 전파 성질을 결정짓는 매우 중요한 특성이다.

마지막으로, 실제 전송선에는 작지만 0이 아닌 손실이 있음에 대해 살펴보자. **그림 5.8**에서 이상적인 전송선의 등가회로를 살펴봤지만, 실제 전송선의 등가회로는 **그림 5.9**와 같이 저항 요소를 포함하여 나타낼 수 있다. 이 저항 요소로 인해 전압과 전류의 파동은 진행하면서 조금씩 감쇠하는 특성을 나타내게 된다. **그림 5.9**에서 두 도선 사이의 저항 요소는 저항 값 $R\Delta z$가 아니라 전도도(conductance) 값 $G\Delta z$로 나타나 있다. 보통 두 도선 사이의 저항 값은 매우 커서 전도도 값 $G\Delta z$은 매우 작다.

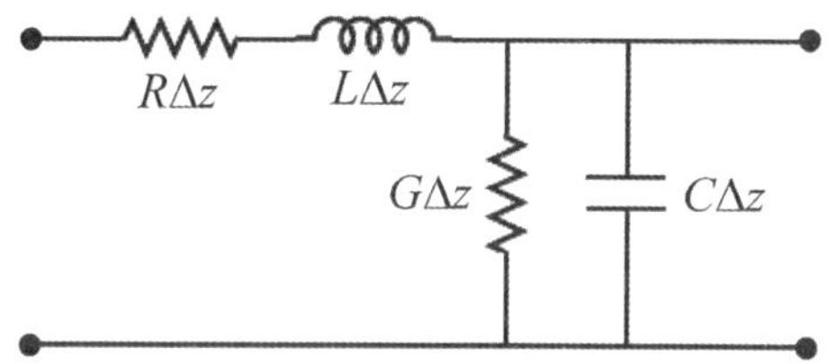

그림 5.9 실제 전송선을 회로 요소로 나타낸 등가회로

5.5 일반적 특성 임피던스

특성 임피던스는 파동의 전파 성질을 나타내는 매우 중요한 특성으로서, 파동이 전파하는 매질의 성질과 연결되어 있다. 즉, 매질이 달라지면 특성 임피던스가 달라지는데, 추후 살펴보겠지만 특성 임피던스의 차이로 인해 두 매질의 경계면에서 파동의 반사와 투과가 발생한다. 일반적으로 특성 임피던스는 매질을 "미는 변수(push variable)"와 이로 인한 "흐름 변수(flow variable)"의 비로 정의된다. 미는 변수를 $q_p(z,t)$, 흐름 변수를 $q_f(z,t)$라고 하고 각 변수가 조화 함수로 진동한다고 하자. 즉,

$$q_p(z,t) = Q_p(z)e^{j\omega t} \tag{5.53}$$

$$q_f(z,t) = Q_f(z)e^{j\omega t} \tag{5.54}$$

라고 하자. 전기전자 분야의 표기법을 사용했음에 유의하자. 그러면 특성 임피던스 Z는 다음과 같이 정의된다.

$$Z \equiv \frac{q_p(z,t)}{q_f(z,t)} = \frac{Q_p}{Q_f} \tag{5.55}$$

전송선에서는 전하의 움직임을 일으키는 미는 변수는 전압이고 이 결과로 생기는 흐름 변수는 전류이다. 그러므로 전송선에서의 특성 임피던스는 (5.52)와 같이 정의됨을 알 수 있다. 줄 위에서 진행하는 파동에 대해서도 미는 변수와 흐름 변수를 고려하여 특

성 임피던스를 정의할 수 있다. 줄 위에서 진행하는 파동의 경우, 미는 변수는 장력 T이며, 이에 따른 흐름 변수는 파동의 이동 속도 v_p를 이용한다. 이렇게 하면 특성 임피던스는 다음과 같이 주어짐을 알 수 있다.

$$Z = \frac{T}{v_p} = T\sqrt{\frac{\mu}{T}} = \sqrt{T\mu} \tag{5.56}$$

줄에서 진행하는 파동의 이동 속도로는 (5.11)을 이용했다. 여기서 μ는 줄의 선밀도임에 유의하자.

5.6 조화 함수 파동의 중요성

지금까지 조화 함수로 표현되는 파동에 대해 살펴보았다. 하지만 모든 파동이 (5.20)과 같이 하나의 조화 함수로 표현되는 것은 아니다. 하지만 일반적 파동은 이러한 조화 함수 파동의 **선형 결합**으로 나타낼 수 있음을 보일 수 있다. 즉, 임의의 일반적 파동 $\widetilde{\psi}(z,t)$는

$$\widetilde{\psi}(z,t) = \int_{-\infty}^{\infty} \widetilde{A}(k)\, e^{i(kz-\omega t)}\, \frac{dk}{2\pi} \tag{5.57}$$

로 나타낼 수 있다. 여기서 $\widetilde{\psi}(z,t)$와 $\widetilde{A}(k)$가 복소수임을 명확히 하기 위해 '~'를 사용했다. 위의 적분은 $k(=2\pi/\lambda)$에 대해 하지만 각진동수 ω 또한 k에 따라 변함에 유의하자. 즉, $\omega = \omega(k)$이다.[2] **k가 음수가 되는 이유는 양과 음의 방향으로 진행하는 모든 파동을 고려하기 때문**이다. (5.57)은 여러 개의 조화 함수 파동을 중첩(선형 결합)시켜 임의의 모양을 나타내는 파동을 만들 수 있음을 보여주는데, 이때 각 파동을 어떻게 중첩시키느냐의 정보가 $\widetilde{A}(k)$에 들어 있다.

$\widetilde{A}(k)$는 파동의 초기 조건으로부터 구할 수 있다. 조화 함수 파동의 선형 결합으로부

2) $\omega = k v_p(k)$. 속도 v_p도 k에 따라 달라질 수 있다. 이를 '분산(dispersion)'이라 한다.

터 임의의 모양의 파동을 만들어 낼 수 있다는 위의 사실을, 4장에서 공부한 Fourier 분석과 연관 지어 한번 생각해 보라.

고찰 •

파동의 초기 조건 $\psi(z,0)$과 $\dot{\psi}(z,0)$으로부터 $\widetilde{A}(k)$를 구해 보자.
실수인 파동 함수는 (5.57)로 나타낸 일반적 복소수 파동 함수와 그 켤레 복소수 파동 함수를 더한 다음 2로 나누어 다음과 같이 구할 수 있다.

$$\psi(z,t) = \frac{1}{2}\int_{-\infty}^{\infty}\left[\widetilde{A}(k)e^{i(kz-\omega t)} + \widetilde{A}^*(k)e^{-i(kz-\omega t)}\right]\frac{dk}{2\pi}$$

그러므로 $t=0$인 초기 조건은 다음과 같이 나타낼 수 있다.

$$\psi(z,0) = \frac{1}{2}\int_{-\infty}^{\infty}\left[\widetilde{A}(k)e^{ikz} + \widetilde{A}^*(k)e^{-ikz}\right]\frac{dk}{2\pi}$$

$$\dot{\psi}(z,0) = \frac{1}{2}\int_{-\infty}^{\infty}\left[-i\omega(k)\widetilde{A}(k)e^{ikz} + i\omega(k)\widetilde{A}^*(k)e^{-ikz}\right]\frac{dk}{2\pi}$$

이제 두 초기 조건을 결합한 다음의 식을 생각해 보자.

$$\begin{aligned}\psi(z,0) + \frac{i}{\omega(k')}\dot{\psi}(z,0) = &\ \frac{1}{2}\int_{-\infty}^{\infty}\left[\widetilde{A}(k)e^{ikz} + \widetilde{A}^*(k)e^{-ikz}\right]\frac{dk}{2\pi} \\ &+ \frac{1}{2}\frac{i}{\omega(k')}\int_{-\infty}^{\infty}\left[-i\omega(k)\widetilde{A}(k)e^{ikz} + i\omega(k)\widetilde{A}^*(k)e^{-ikz}\right]\frac{dk}{2\pi}\end{aligned}$$

양변을 Fourier 변환하여 정리하면 다음과 같은 결과를 얻는다.

$$\begin{aligned}
&\int_{-\infty}^{\infty}\left[\psi(z,0)+\frac{i}{\omega(k')}\dot{\psi}(z,0)\right]e^{-ik'z}dz \\
&=\frac{1}{2}\int_{-\infty}^{\infty}\int_{-\infty}^{\infty}\left[\widetilde{A}(k)e^{i(k-k')z}+\widetilde{A}^*(k)e^{-i(k+k')z}\right]\frac{dk}{2\pi}dz \\
&\quad+\frac{1}{2}\int_{-\infty}^{\infty}\frac{i}{\omega(k')}\int_{-\infty}^{\infty}\left[-i\omega(k)\widetilde{A}(k)e^{i(k-k')z}+i\omega(k)\widetilde{A}^*(k)e^{-i(k+k')z}\right]\frac{dk}{2\pi}dz
\end{aligned}$$

위 식은 적분 순서를 바꾸고 $\int_{-\infty}^{\infty}e^{i(k\mp k')z}dz=2\pi\delta(k\mp k')$라는 델타 함수의 특성을 이용하여 정리할 수 있다. 그러면

$$\begin{aligned}
&\int_{-\infty}^{\infty}\left[\psi(z,0)+\frac{i}{\omega(k')}\dot{\psi}(z,0)\right]e^{-ik'z}dz \\
&=\frac{1}{2}\int_{-\infty}^{\infty}\left[\widetilde{A}(k)\delta(k-k')+\widetilde{A}^*(k)\delta(k+k')\right]dk \\
&\quad+\frac{1}{2}\int_{-\infty}^{\infty}\left[\frac{\omega(k)}{\omega(k')}\widetilde{A}(k)\delta(k-k')-\frac{\omega(k)}{\omega(k')}\widetilde{A}^*(k)\delta(k+k')\right]dk \\
&=\frac{1}{2}\left[\widetilde{A}(k')+\widetilde{A}^*(-k')+\widetilde{A}(k')-\frac{\omega(-k')}{\omega(k')}\widetilde{A}^*(-k')\right]
\end{aligned}$$

를 얻는다. $-k$를 갖는 파동은 단지 음의 방향으로 진행할 뿐 k를 갖는 파동과 동일하므로 $\omega(-k)=\omega(k)$라고 할 수 있다. 그러므로 위 식 마지막 줄의 두 번째 항과 네 번째 항은 서로 상쇄된다. 남은 항을 정리하면

$$\int_{-\infty}^{\infty}\left[\psi(z,0)+\frac{i}{\omega(k')}\dot{\psi}(z,0)\right]e^{-ik'z}dz=\widetilde{A}(k')$$

를 얻게 된다. 즉,

$$\widetilde{A}(k)=\int_{-\infty}^{\infty}\left[\psi(z,0)+\frac{i}{\omega(k')}\dot{\psi}(z,0)\right]e^{-ikz}dz \tag{5.58}$$

이다. 이 식을 통해 $\widetilde{A}(k)$는 파동의 위치와 속도에 대한 초기 조건 $\psi(z,0)$과 $\dot{\psi}(z,0)$을 이용하여 Fourier 변환함으로써 구할 수 있다는 것을 알 수 있다.

5.7 파동의 에너지

파동 운동 역시 다른 운동과 마찬가지로 에너지를 나른다. 파동 운동이 나르는 에너지도 입자와 마찬가지로 운동에너지와 퍼텐셜에너지로 나누어 생각할 수 있다. 줄에서의 진동을 예로 들어 생각하자. 줄에서 파동이 진행할 때, 줄의 한 지점에서 줄의 일부분은 위아래로 진동 운동을 한다. 이 진동 운동으로 인한 운동에너지를 K라고 하자. 길이 dz인 줄의 운동에너지 dK는

$$dK = \frac{1}{2}(\mu dz)\left(\frac{\partial\psi}{\partial t}\right)^2 \tag{5.59}$$

이다. μdz는 길이 dz인 줄의 질량이고 $\frac{\partial\psi}{\partial t}$는 위아래로 움직이는 줄의 속도이기 때문이다.

줄은 위아래로 진동하며 dz가 ds로 살짝 늘어난다. 이러한 줄의 늘어남으로 인해 저장되는 퍼텐셜에너지 dU를 이제 생각해 보자. 줄이 늘어난 길이 ds는 다음과 같다.

$$\begin{aligned} ds &= \sqrt{(dz)^2 + \left(\frac{\partial\psi}{\partial z}\right)^2 (dz)^2} - dz = \sqrt{1 + \left(\frac{\partial\psi}{\partial z}\right)^2}\, dz - dz \\ &\simeq \frac{1}{2}\left(\frac{\partial\psi}{\partial z}\right)^2 dz \end{aligned} \tag{5.60}$$

줄이 살짝 늘어나므로 $\frac{\partial\psi}{\partial z}$가 작다는 조건을 이용하여 $\left[1+\left(\frac{\partial\psi}{\partial z}\right)^2\right]^{1/2} \simeq 1+\frac{1}{2}\left(\frac{\partial\psi}{\partial z}\right)^2$으로 근사되는 것을 이용했다. 이렇게 줄을 ds만큼 늘이며 장력 T가 한 일이 결국 늘어난 줄에 저장된 퍼텐셜에너지이다. 즉,

$$dU = \frac{1}{2}T\left(\frac{\partial\psi}{\partial z}\right)^2 dz \tag{5.61}$$

이다.

그러므로 운동에너지와 퍼텐셜에너지를 더한 총 에너지 E는 각 에너지를 줄의 길이에 대해 적분한

$$E = \frac{1}{2}\mu\int\left(\frac{\partial\psi}{\partial t}\right)^2 dz + \frac{1}{2}T\int\left(\frac{\partial\psi}{\partial z}\right)^2 dz \tag{5.62}$$

라고 적을 수 있다. 식 (5.2)로 나타나는 파동 함수의 성질을 이용하면

$$\frac{\partial\psi}{\partial t} = -v_p g'$$
$$\frac{\partial\psi}{\partial z} = g'$$

이므로, (5.62)는

$$E = \frac{1}{2}\mu v_p^2\int g'^2 dz + \frac{1}{2}T\int g'^2 dz = T\int g'^2 dz \tag{5.63}$$

라고 할 수 있다. 위에서, 파동의 진행 속도에 대한 식 (5.11)을 사용하여 $\mu v_p^2 = T$라는 사실을 이용했다. 파동의 모양은 진행하며 변하지 않으므로, (5.63)으로 주어진 **파동의 에너지는 보존된다**. **조화 함수 파동**의 경우, **파동의 에너지는 진폭의 제곱에 비례**한다는 점도 알 수 있다.

6
경계에서 파동의 반사와 투과

파동은 진행하다 보면 언젠가는 **경계**(boundary)를 만나게 된다. 경계란 파동이 진행하는 매질이 새로운 매질로 바뀌는 지점을 말한다. 파동은 경계를 만나면 일부는 **반사**(reflection)하고 일부는 **투과**(transmission)한다. 파동이 이렇게 경계에서 반사하고 투과하는 것은 여러 가지 흥미로운 현상을 낳는다. 전자기파인 빛이 경계를 만나도 일부는 반사하고 일부는 투과하는데, 이 경우 경계의 예로 공기와 유리의 '경계면(boundary surface)'을 들 수 있다. 이러한 반사와 투과 현상은 파동의 성질 때문에 발생하는 것으로서, 매질이 달라지는 경계에서는 반드시 일어날 수밖에 없다.[3] 이번 장에서는 경계에서 파동의 반사와 투과에 대해 알아보자.

6.1 줄에서 진행하는 파동의 반사와 투과

줄에서 진행하는 파동을 이용하여 경계에서 일어나는 반사와 투과에 대해 생각해 보자. 다음 페이지의 **그림 6.1**은 줄의 선밀도가 달라지는 경계를 나타낸 것이다. 줄에서의 위치는 앞에서와 마찬가지로 z를 이용해 나타내고, 경계의 위치를 원점($z=0$)으로 잡자. 편의상, 각각의 줄을 1, 2라는 문자로 나타냈으며, 줄 2를 더 두껍게 그렸다. 줄이 두껍다는 것은 선밀도가 더 크다는 것을 의미한다. 두 줄은 팽팽히 연결되어 있으니 줄의 장력 T는 1, 2 모두 동일하다고 할 수 있다. 줄에서 진행하는 파동의 속도를 나타내는 (5.11)에 따라 각 매질에서 파동의 진행 속도는 다르다. **그림 6.1**에 나타낸 상황에서는 줄 2로 파동이 넘어가면서(투과되면서) 속도가 줄어들 것이라 예측할 수 있다.

---

3) 파동의 성질을 이용하여 다른 매질을 중간에 끼워 넣음으로써 반사를 없애거나 또는 완전히 투과하도록 만들 수도 있다.

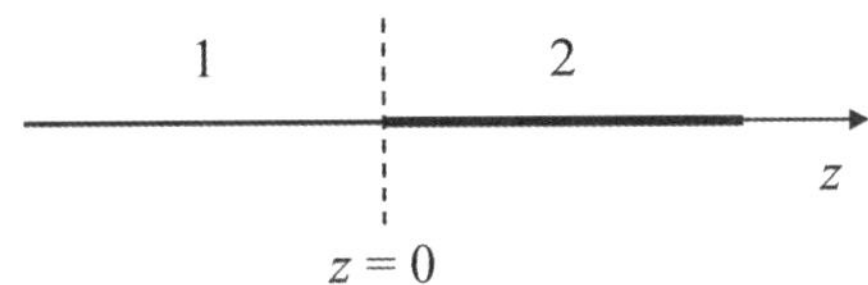

그림 6.1 줄의 선밀도가 달라지는 경계를 나타낸 그림(선밀도가 $\mu_1 < \mu_2$인 상황을 가정)

경계를 거치면서, 조화 함수 파동의 진행 속도를 나타내는 (5.29)에서 진동수와 파장 중 무엇이 달라지는 것일까? 파동은 파동이 생겨나는 곳에서 진동하는 진동자의 진동수를 가지고 진행한다. 줄에서 진행하는 파동의 경우, 파동이 생겨나는 곳에서 위아래로 흔드는 강제 진동자의 진동수가 파동의 진동수가 된다. **진동수는 새로운 매질을 만나도 바뀌지 않는다.** 경계에서도 파동은 연속이기 때문이다. 그렇다면 **속도가 줄어든다는 것은 파장이 줄어든다**는 얘기가 된다. 각 매질에서의 물리량을 1, 2의 첨자로 나타내면 다음과 같은 관계식을 적을 수 있다.

$$\frac{v_{p2}}{v_{p1}} = \frac{\lambda_2}{\lambda_1} = \frac{k_1}{k_2} \tag{6.1}$$

k는 파수로서 파장의 역수에 비례한다는 사실을 상기하자.

이제 파동 함수를 이용하여 반사와 투과를 정량적으로 다루어 보자. 입사파(incident wave)를 다음과 같이 복소수 표현으로 나타내자.

$$\psi_I(z,t) = A_I e^{i(k_1 z - \omega t)} \quad (z < 0) \tag{6.2}$$

A_I는 입사파의 진폭이다.[4] 경계를 $z = 0$으로 잡았으므로, 입사파는 $z < 0$인 영역에서만 존재한다. 경계에서는 반사파가 발생하며, 반사파를 복소수 표현을 이용하여 다음과 같이 적자.

$$\psi_R(z,t) = A_R e^{i(-k_1 z - \omega t)} \quad (z < 0) \tag{6.3}$$

---

4) 편의상, 시간의 시점을 조절하여 위상 상수 ϕ를 0으로 만들었다고 가정한다. 이 경우, 진폭은 실수이다.

A_R는 반사파의 진폭이다. 지수함수에서 $k_1 z$ 앞의 부호가 (−)인 것에 유의하자. 이 (−) 부호는 반사파가 $-z$ 방향으로 진행하는 성질을 만족하도록 만들어준다.

줄 2에서는 투과파(transmitted wave)가 진행하는데, 이를 다음과 같이 나타내자.

$$\psi_T(z,t) = A_T e^{i(k_2 z - \omega t)} \quad (z > 0) \tag{6.4}$$

A_T는 투과파의 복소수 진폭이다. 파수가 k_1에서 k_2로 바뀌었음에 유의하자. 반면 ω는 (6.2), (6.3), (6.4)에서 모두 동일하다. 이제 각 영역에서 존재하는 파동을 다음과 같이 정리하여 적을 수 있다.

$$\psi(z,t) = \begin{cases} A_I e^{i(k_1 z - \omega t)} + A_R e^{i(-k_1 z - \omega t)} & (z < 0) \\ A_T e^{i(k_2 z - \omega t)} & (z > 0) \end{cases} \tag{6.5}$$

경계($z = 0$)에서 (6.5)로 나타낸 **파동 함수는 당연히 연속**이어야 한다. 줄이 경계에서 이어져 있기 때문이다. 또한 경계에서는 **파동 함수의 기울기도 연속**이어야 한다. 파동 함수의 기울기는 (5.6)에서 본 바와 같이 장력의 수직 성분을 나타내는데, 만약 $z = 0$인 지점에서 작용하는 장력의 수식 성분이 불연속하다면 경계에 있는 극소 질량의 줄에 작용하는 알짜 힘이 있다는 의미가 된다. 극소 질량에 작용하는 힘은 결국 무한대의 가속도를 야기하므로, 이는 물리적이지 않다. 따라서 파동 함수의 기울기도 경계에서 연속이어야 한다. 실수인 파동 함수가 이와 같은 경계에서의 조건을 만족한다면, 복소수 파동 함수도 동일한 조건을 만족해야 한다. 이를 식으로 나타내면 다음과 같다.

$$\psi(0^-, t) = \psi(0^+, t) \tag{6.6}$$

$$\left.\frac{\partial \psi}{\partial z}\right|_{0^-} = \left.\frac{\partial \psi}{\partial z}\right|_{0^+} \tag{6.7}$$

(6.6)과 (6.7)을 파동이 경계에서 만족해야하는 조건, 즉 파동의 **경계 조건(boundary condition)**이라 부른다.

이제 (6.6)과 (6.7)의 경계 조건을 파동 함수 (6.5)에 적용해 보자. 그러면

$$A_I + A_R = A_T \tag{6.8}$$

$$k_1 A_I - k_1 A_R = k_2 A_T \tag{6.9}$$

를 얻는다. 입사파의 진폭 A_I가 주어졌을 때 (6.8)과 (6.9)를 풀어 반사파의 진폭 A_R와 투과파의 진폭 A_T를 쉽게 구할 수 있다. 즉, (6.8)과 (6.9)는 A_R와 A_T에 대한 2원 1차 연립 방정식이다. 이 연립 방정식을 풀면

$$A_R = \frac{k_1 - k_2}{k_1 + k_2} A_I \tag{6.10}$$

$$A_T = \frac{2k_1}{k_1 + k_2} A_I \tag{6.11}$$

를 얻는다. (진폭) **반사 계수(reflection coefficient)**와 **투과 계수(transmission coefficient)**, r와 t를 다음과 같이 정의한다.

$$r \equiv \frac{A_R}{A_I} \tag{6.12}$$

$$t \equiv \frac{A_T}{A_I} \tag{6.13}$$

그러면 반사 계수와 투과 계수는

$$r = \frac{k_1 - k_2}{k_1 + k_2} = \frac{v_{p2} - v_{p1}}{v_{p2} + v_{p1}} \tag{6.14}$$

$$t = \frac{2k_1}{k_1 + k_2} = \frac{2v_{p2}}{v_{p2} + v_{p1}} \tag{6.15}$$

이다. (6.8)로부터 r와 t는 다음의 성질을 만족해야 한다는 것을 알 수 있으며, (6.14)와 (6.15)를 이용하여 이를 직접 확인할 수 있다.

$$1 + r = t \tag{6.16}$$

만약 선밀도가 $\mu_1 > \mu_2$인 상황이라면 $v_{p1} < v_{p2}$가 되므로, 반사 계수 (6.14)는 양수가 된다. 이 경우, 반사파의 진폭은

$$A_R = |r| A_I \tag{6.17}$$

라고 적을 수 있다. (6.17)에서는 r가 양수라는 것을 r의 절댓값 $|r|$을 이용하여 명시하여 나타냈다. 반사파의 진폭이 양수이므로 반사파는 입사파가 그대로 방향이 바뀌며 반사되는 것이다. 즉, 아무런 **위상차 없이 반사된다.**

반대로 선밀도가 $\mu_1 < \mu_2$인 경우는 $v_{p1} > v_{p2}$가 되므로, 반사파의 진폭은

$$A_R = -|r| A_I \tag{6.18}$$

이 된다. 반사파의 진폭이 음수이므로 파동은 반사되며 뒤집어진다. $-1 = e^{i\pi}$이므로, 이 경우 반사파가 입사파와 비교하여 **π의 위상차를 갖는다**고 얘기할 수 있다.

한편, (6.15)의 투과계수는 항상 양수이므로, 투과파가 $\mu_1 > \mu_2$와 $\mu_1 < \mu_2$, 어느 경우이든 입사파와 아무런 위상차 없이 그대로 투과됨을 알려준다.

다음 페이지의 **그림 6.2**는 어느 순간 경계면에서 반사파와 투과파가 발생하는 모습을 $\mu_1 > \mu_2$와 $\mu_1 < \mu_2$인 경우를 구별하여 보여준다. 먼저 $\mu_1 > \mu_2$인 경우에는 반사파(끊어진 선)가 그대로(즉, 입사파와 아무런 위상차 없이) 반사되는 모습을 확인할 수 있으며, 반대로 $\mu_1 < \mu_2$ 경우에는 뒤집어져서(또는 입사파와 위상차 π를 가지며) 반사하는 모습을 볼 수 있다. 입사하는 쪽인 매질 1에는 서로 반대 방향으로 진행하는 두 개의 파동이 존재하며, 이 두 파동을 합친 것이 실제 파동의 모습이다. 반사파가 존재하는 경우에는 서로 다른 방향으로 진행하는 파동으로 인해 정지파가 만들어지며, 이에 대해서는 다음 장에서 좀 더 자세히 살펴본다. 경계면에서 파동은 연속이므로, $\mu_1 > \mu_2$ 경우 **투과파의 진폭이 입사파의 진폭보다 더 큼**을 확인할 수 있다. 반면 $\mu_1 < \mu_2$ 경우에는 투과파의 진폭이 입사파의 진폭보다 더 작다.

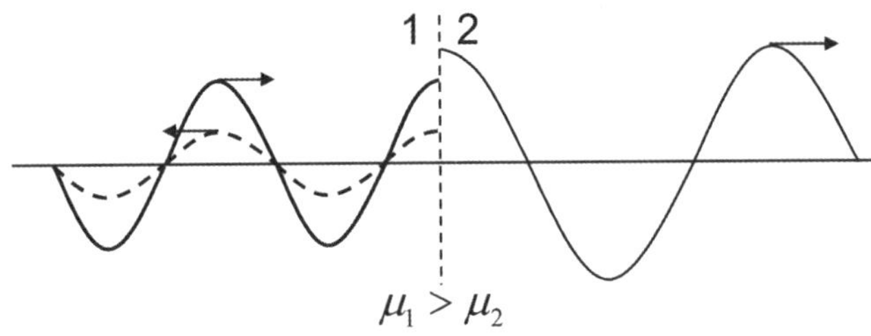

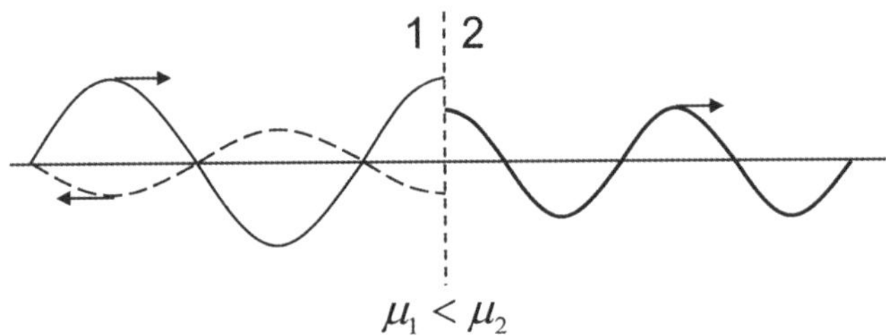

그림 6.2 $\mu_1 > \mu_2$와 $\mu_1 < \mu_2$인 경우, 어느 순간 입사파와 반사파(끊어진 선) 및 투과파를 나타낸 그림

만약 줄 2가 무한한 질량을 갖는다고 생각해 보자($\mu_2 = \infty$). 줄 2가 무한한 질량이라는 것은 줄 2가 결코 움직이지 않음을, 마치 줄을 벽에 고정한 것과 마찬가지라는 것을 의미한다. 이 경우 (5.11)로부터

$$v_{p2} = 0$$

이라고 할 수 있다. 줄을 고정한 부분을 '고정단(fixed end)'이라고 부르기도 한다. (6.14)와 (6.15)에 따르면 고정단에서의 반사 및 투과 계수는 다음과 같다.

$$\begin{cases} r = -1 \\ t = 0 \end{cases} \text{(고정단)} \tag{6.19}$$

즉, 고정단에서는 π**의 위상차**를 가지고 **파동이 모두 반사**되며, 투과되는 파동은 하나도 없다.

또 다른 극단적 경우는 $\mu_2 = 0$인 경우이다. 줄 2의 질량이 없다는 것은 마치 묶지 않은 것처럼 줄 1이 마음대로 움직인다는 것을 의미한다. 이런 경우를 '자유단(free end)'이라고 부르기도 한다. 이 경우

$$v_{p2} = \infty$$

이므로 (6.14)와 (6.15)에 따라

$$\begin{cases} r = 1 \\ t = 2 \end{cases} \text{(자유단)} \tag{6.20}$$

를 얻는다. $r = 1$이라는 것은 파동이 **위상차 없이 모두 반사**됨을 의미한다. $t = 2$라는 사실은 조금 이상해 보이는데 경계 조건에 의해 성립해야 하는 사실이다. $t = 2$라는 것을 그대로 해석하면 입사한 파동의 2배의 진폭을 갖는 파동이 투과한다는 것이다. 실제 선밀도가 0인 줄은 없으므로 이러한 상황은 선밀도가 매우 작은 경우를 극단적으로 나타냈다고 보면 된다. 즉, 줄 1에 선밀도가 매우 작은 줄 2가 연결되어 있는 경우 ($\mu_1 \gg \mu_2$), 대부분의 파동은 반사되지만, 줄 2에는 입사한 파동의 2배에 가까운 진폭을 갖는 파동이 유도된다. 줄 2의 선밀도가 매우 작기 때문이다. 하지만 $\mu_2 = 0$인 진정한 자유단에서는 투과된 파동이 없다고 말하는 것이, 즉 $t = 2$는 실제 존재하는 상황이 아니라고 말하는 것이 더 정확하다.

6.2 경계에서 파동의 반사와 투과

6.1절에서는 줄에서의 파동을 예로 들어 경계에서 파동의 반사와 투과에 대해 논의했지만, 모든 파동은 경계를 만나면 일부는 반사하고 일부는 투과한다. 이것은 파동의 고유한 속성이다. 입자는 결코 이러한 성질을 보이지 않는다. 입자가 쪼개져 일부는 반사하고 일부는 투과하는 일은 없기 때문이다. 파동이 경계에서 일부는 반사하고 일부는 투과하는 것은 경계에서 만족해야 하는 경계 조건 때문이다. 파동이 만족해야 하는 경계 조건은 결국 파동 방정식에서 파생된다. $\psi \sim e^{-i\omega t}$로 진동하는 파동에 대해, 파동 방정식 (5.10)을 다음과 같이 다시 적을 수 있다.

$$\frac{\partial^2 \psi}{\partial z^2} = -\frac{\omega^2}{v_p^2}\psi \tag{6.21}$$

이를 (5.28)을 이용하여 다시 적으면

$$\frac{\partial^2 \psi}{\partial z^2} = -k^2\psi \tag{6.22}$$

가 된다. 이 방정식을 $z=0$을 기준으로 구간 $[\epsilon, -\epsilon]$에서 적분해 보자. 여기서 ϵ은 매우 작은 양을 의미한다. (6.22)의 양변을 z에 대해 적분하면

$$\int_{-\epsilon}^{\epsilon} \frac{\partial^2 \psi}{\partial z^2} dz = -\int_{-\epsilon}^{\epsilon} k^2\psi\, dz \tag{6.23}$$

를 얻는다. 이 식을 정리하면

$$\left.\frac{\partial \psi}{\partial z}\right|_{-\epsilon}^{\epsilon} = -\int_{-\epsilon}^{\epsilon} k^2\psi\, dz \tag{6.24}$$

가 된다. 이제 $\epsilon \to 0$인 극한을 취하면

$$\left.\frac{\partial \psi}{\partial z}\right|_{0^+} - \left.\frac{\partial \psi}{\partial z}\right|_{0^-} = 0 \tag{6.25}$$

을 얻는다. (6.24)에서 극한을 취했을 때 우변이 0이 되는 이유는 $\epsilon \to 0$이 되며 결국 적분 구간이 0이 되기 때문이다. 0의 구간에 대해 적분하면, 적분되는 함수가 무한 값을 가지지 않는 이상 0이 된다. 이렇게 얻은 (6.25)는 파동 함수의 기울기가 경계면에서 연속이라는 (6.7)과 같다.

다음으로 파동 함수 자체가 연속임을 따져보자. 파동 함수 자체가 연속이라는 것은 어찌 보면 당연한 얘기지만, 이 또한 파동 방정식으로부터 수학적으로 유도할 수 있다. (6.24)를 정적분이 아니라 부정적분으로 다음과 같이 적을 수 있다.

$$\frac{\partial\psi(z)}{\partial z} = -\int^{z} k^2 \psi(z')\,dz' + C = h(z) \tag{6.26}$$

여기서 우변에서의 적분 변수를 z'으로 적고 적분을 z라는 임의의 위치까지 하는 것으로 표시했다. C는 부정적분을 하면 더해주는 적분 상수이다. 적분을 하면 결국 변수 z에 의존하는 어떤 함수를 얻는다. 이 함수를 $h(z)$로 나타냈다. (6.26)을 (6.23)에서와 같이, $z=0$을 기준으로 구간 $[\epsilon, -\epsilon]$에서 적분한 후 $\epsilon \to 0$인 극한을 취하면

$$\psi(0^+) - \psi(0^-) = 0 \tag{6.27}$$

으로 적을 수 있다. 이는 (6.6)이 나타내는 내용과 같다. 이러한 연습을 통해 깨달을 수 있는 것은 파동 함수와 그 기울기가 연속이라는 것이 파동의 일반적 성질이라는 것이다. 그러므로 (6.14)와 (6.15)로 얻은 파동의 반사 계수와 투과 계수는 줄에서 진행하는 파동 외의 다른 파동에 대해서도 성립한다. 우리는 앞에서 전자기파 또한 (5.10)과 같은 파동 방정식을 만족함을 보았으므로, 전자기파 또한 (6.14), (6.15)와 같은 반사와 투과 계수를 갖게 된다. 단, 전자기파는 일반적으로 3차원 공간에서 진행하므로, 우리가 줄에서 진행하는 1차원 파동에서 얻은 식은 전자기파의 일반적 반사, 투과 계수 식의 특수한 경우라고 봐야한다. 즉, (6.14)와 (6.15)는 전자기파가 **경계면에 수직으로 입사한 경우**를 나타낸다. 전자기파가 경계면의 수직선(법선)에서 각도를 가지고 입사하는 일반적 경우는 전자기학에서 다룬다.

전자기파가 진공에서 진행하는 속력과 매질에서 진행하는 속력의 비는 매질의 굴절률이라고 하며 n이라는 문자로 보통 나타낸다. 즉, 굴절률 n은

$$n \equiv \frac{c}{v_p} \tag{6.28}$$

이다. 아래 첨자 1, 2를 이용하여 각 매질의 굴절률을 나타내면, **전자기파가 경계면에 수직으로 입사**하는 경우의 반사와 투과 계수는 다음과 같다.

$$r = \frac{v_{p2} - v_{p1}}{v_{p2} + v_{p1}} = \frac{n_1 - n_2}{n_1 + n_2} \tag{6.29}$$

$$t = \frac{2v_{p2}}{v_{p2}+v_{p1}} = \frac{2n_1}{n_1+n_2} \tag{6.30}$$

줄에서 진행하는 파동의 경우는 선밀도의 차이를 구별하여 경계에서 일어나는 현상을 살펴봤는데, 전자기파의 경우는 보통 굴절률의 차이를 구별하여 경계에서 일어나는 현상을 살펴본다. 즉, (6.17)과 (6.18)에서 반사되는 파동이 π의 위상차를 갖는지의 여부는 $n_1 > n_2$인지 $n_1 < n_2$에 따라 결정된다. (6.29)를 보면 $n_1 < n_2$인 경우 $v_{p1} > v_{p2}$이며 반사되는 파동이 π의 위상차를 갖는다는 것을 알 수 있다. 대개 굴절률은 밀도의 함수이며, 기체, 액체, 고체의 순으로 밀도가 커짐에 따라 굴절률도 커진다. 그래서 굴절률이 작은 물체를 소(疎)한 매질, 굴절률이 큰 물체를 밀(密)한 매질이라고 부르기도 한다. 이러한 용어를 이용하면 π의 위상차는 소한 매질에서 밀한 매질로 진행하여 반사할 때 일어난다고 말할 수 있다. 예컨대, 공기에서 유리로 진행할 때이다. 이러한 개념은 줄에서의 반사를 생각할 때도 마찬가지이다.

마지막으로, 에너지의 관점에서 파동이 반사와 투과에 대해 생각해 보자. 파동의 에너지는 진폭의 제곱에 비례한다. 에너지 관점에서 정의된 반사 계수 R는 진폭 관점에서 정의된 반사 계수 r[(6.14)]의 제곱이 된다.

$$R = \left(\frac{k_1-k_2}{k_1+k_2}\right)^2 = \left(\frac{v_{p2}-v_{p1}}{v_{p2}+v_{p1}}\right)^2 \tag{6.31}$$

에너지 관점에서 정의된 투과 계수를 T라 하자. 그러면 에너지는 보존되므로 $R+T=1$ 이어야 한다. 그러므로 T는

$$T = 1-R = \frac{4k_1k_2}{(k_1+k_2)^2} = \frac{4v_{p2}v_{p1}}{(v_{p2}+v_{p1})^2} \tag{6.32}$$

이다. (6.15)와 비교하면

$$T = \frac{k_2}{k_1}t^2 = \frac{v_{p1}}{v_{p2}}t^2 \tag{6.33}$$

임을 알 수 있다. 에너지 투과 계수가 진폭 투과 계수의 단순한 제곱이 아닌 이유는 계면을 지나며 파동의 진행 속도가 달라지기 때문이다.

7

정지파와 고유 모드

파동이 경계를 만나면 반사가 일어남을 6장에서 배웠다. 반사파가 발생하면, 반사된 파동과 진행하는 파동이 중첩하여 위치에 따라 진동이 커졌다 작아졌다 하는 현상이 생기는데 이를 **정지파**(standing wave)라고 부른다. 정지파가 일어나는 현상은 우리가 유용한 장치를 만드는데 많이 사용하고 있다. 특히 경계가 양쪽에 있다고 생각해 보자. 예컨대 줄의 왼쪽과 오른쪽에 경계가 있다고 가정하자. 이 경우 오른쪽에서 반사가 된 파동이 반대로 진행하여 왼쪽에서 다시 반사가 일어나게 된다. 이 파동은 오른쪽으로 진행한 후 경계에서 다시 반사하며, 이러한 양쪽 경계에서의 반사는 파동이 왕복하며 끝없이 지속적으로 일어나게 된다. 이렇게 반사가 양쪽 경계에서 계속 일어날 경우 특정한 파장을 갖는 파동만이 양쪽 경계로 한정된 공간에서 제대로 진동할 수 있는데, 이러한 현상도 **공명**이라고 부르며 이때 발생하는 정지파를 **고유 모드**(eigen mode)라고 한다. 우리가 사용하는 악기나 레이저는 지금 살펴본 양쪽 경계로 인한 공명 현상을 이용한 것이다.

7.1 정지파의 이해

정지파가 생기는 양상을 이해하기 위해 고정단에서 파동이 반사하는 경우를 먼저 생각해 보자. 즉, $r = -1$인 경우이다. 경계가 오른쪽 끝에 위치해 있다고 하자. 이 경계에서 파동은 $r = -1$로 반사된다. 시간 $t = 0$일 때, 경계를 향하여 오른쪽 끝으로 진행한 파동이 **그림 7.1 (a)**의 회색 실선과 같다고 하자. $r = -1$로 반사된 파동은 **그림 7.1 (a)**에 회색 끊어진 선으로 나타냈다. 이 두 파동을 합치면 당연히 0인 것이 **그림 7.1 (a)**에 검은색 실선으로 나타나 있다.

그림의 왼쪽 끝을 $z=0$이라고 하자. (그러면 경계가 있는 오른쪽 끝은 $z=2\lambda$가 된다). **그림 7.1 (a)**의 상황을 식을 이용하여 나타내면

$$\begin{aligned}\psi(z,0) &= A\cos kz - A\cos kz \\ &= 0\end{aligned} \tag{7.1}$$

이라고 할 수 있다. 여기서 A는 진폭이다.

이제 시간이 흐르면 (7.1)에 나타난 파동은 각각 다른 방향으로 이동한다. (7.1) 첫째 줄 우변의 첫 번째 항은 $+z$ 방향으로 이동하며, 두 번째 항은 $-z$ 방향으로 이동한다. 이를 식으로 나타내면 다음과 같다.

$$\psi(z,t) = A\cos(kz-\omega t) - A\cos(kz+\omega t) \tag{7.2}$$

만약 $\omega t = \frac{\pi}{4}$면 파동은 $\frac{\lambda}{8}$만큼 각각 반대 방향으로 이동한다. 이 경우를 **그림 7.1 (b)**에 나타냈다. 파동이 서로 반대 방향으로 이동하는 모습을 점과 가위표로 나타냈다. **그림 7.1 (b)**는 파동이 점차 겹치며 합성 파동(검은색 실선)의 진폭이 커짐을 보여준다. 시간이 더 흘러 $\omega t = \frac{\pi}{2}$면 파동은 **그림 7.1 (a)**의 상황에서 $\frac{\lambda}{4}$만큼 각각 이동한다[**그림 7.1 (c)**]. 이 순간은 **두 파동이 모두 같은 위상**을 가지며 **보강**되어 **진폭이 2배**가 된다. 이를 수식으로 표현하면,

$$\begin{aligned}\psi\left(z,\frac{\tau}{4}\right) &= A\cos\left(kz-\frac{\pi}{2}\right) - A\cos\left(z+\frac{\pi}{2}\right) \\ &= A\sin kz + A\sin kz \\ &= 2A\sin kz\end{aligned} \tag{7.3}$$

가 된다.

그림 7.1 (d)부터 **그림 7.1 (i)**는 이후 시간이 더 흘러 $\omega t = 2\pi$인 순간까지 동일한 시간 간격으로 나타낸 것이다. 검은색 실선으로 나타낸 합성 파동을 보면 제자리에서 진동하는 모습을 볼 수 있다.

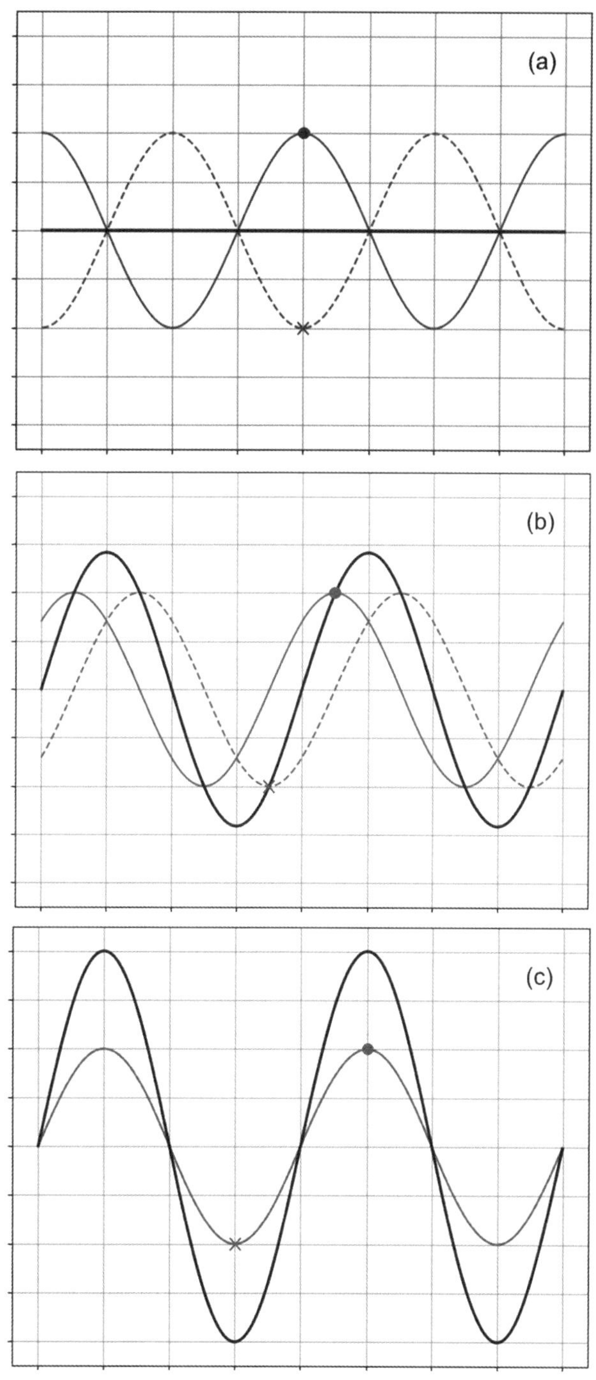

그림 7.1 오른쪽 끝의 경계에서 $r = -1$로 반사되는 경우, 진행하는 파동(회색 실선), 반사된 파동(회색 끊어진 선), 그리고 두 파동의 합(검은색 실선)을 시간의 진행에 따라 나타낸 그래프. 파동의 진행을 나타내기 위해 점과 가위표를 사용했다.

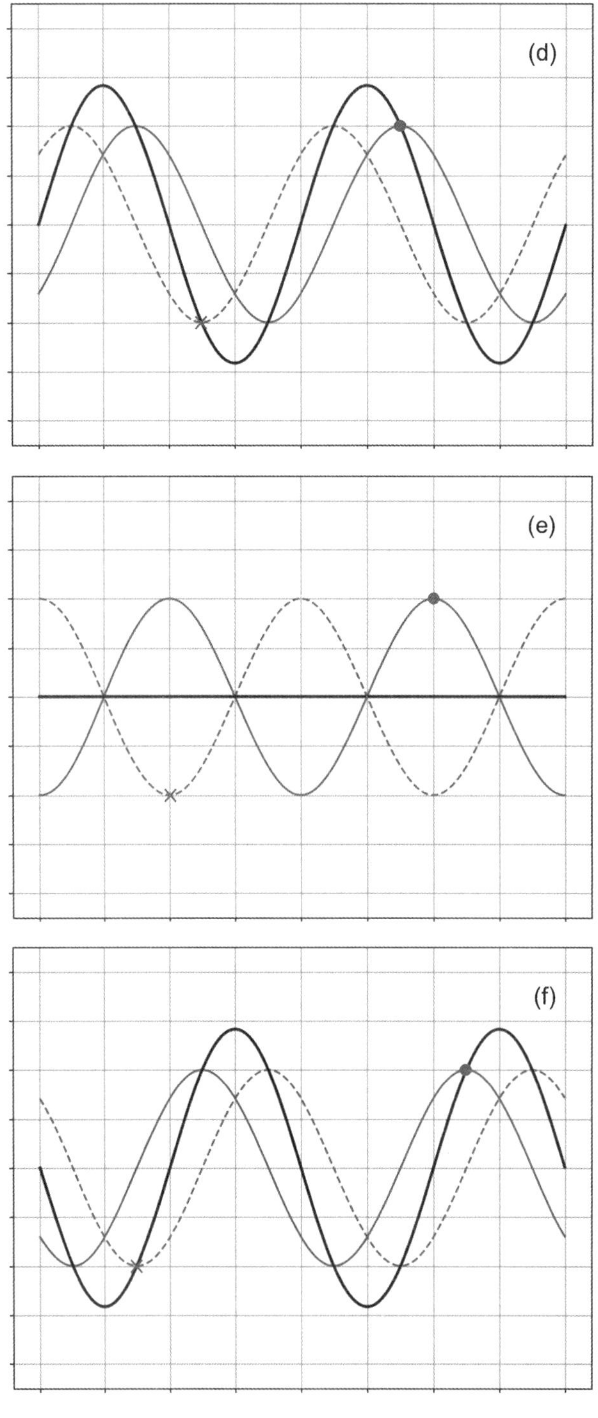

그림 7.1 (앞에서 계속)

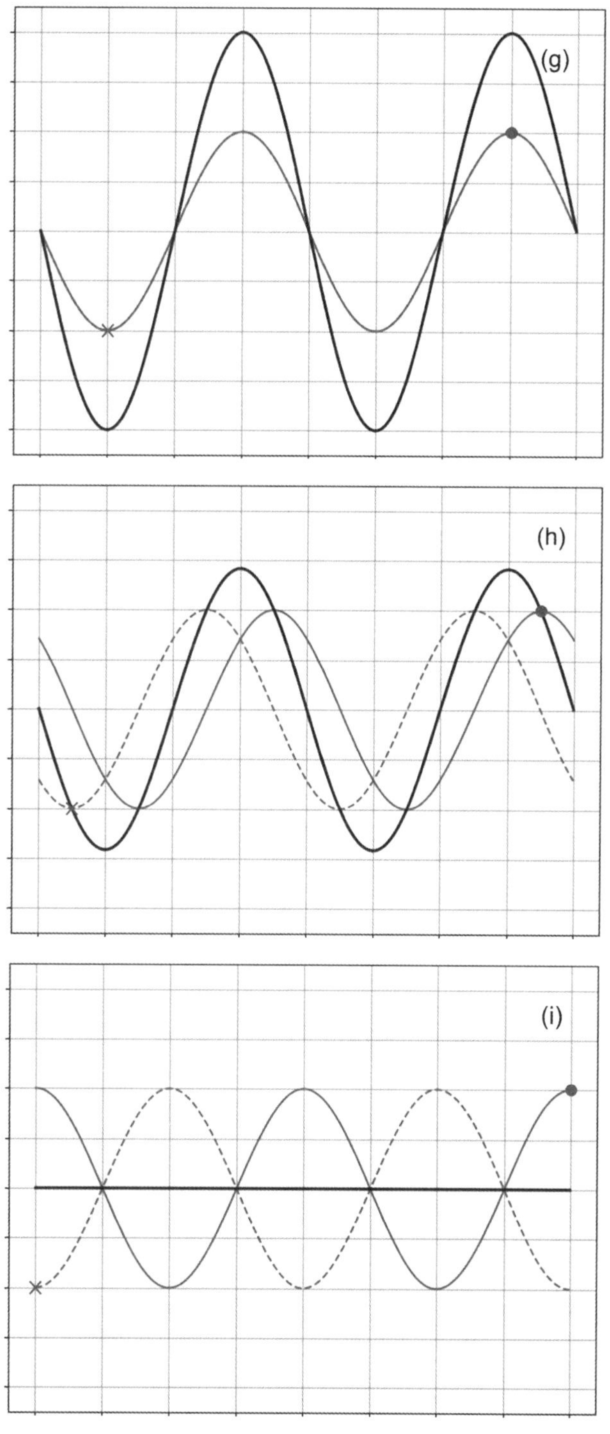

그림 7.1 (앞에서 계속)

임의의 시간에서 두 파동을 중첩한 모습은 (7.2)를 수학적으로 정리해 보면 알 수 있다. 삼각함수 공식 $\cos(\alpha \mp \beta) = \cos\alpha\cos\beta \pm \sin\alpha\sin\beta$를 이용하여 (7.2)를 정리하면

$$\psi(z, t) = (2A\sin\omega t)\sin kz \tag{7.4}$$

로 적을 수 있다. (7.4)는 $\sin kz$의 **진폭이 시간에 따라 변하는** $2A\sin\omega t$라는 것으로 이해할 수 있다. (7.4)가 나타내는 것은 진행하는 파동이 아니며, 파동의 모양인 $\sin kz$가 시간이 지나면서 제자리에서 진동하기만 한다는 것을 의미한다. 이러한 파동이 바로 정지파이다.

그림 7.1을 살펴보면 진동이 최소인 위치가 있는데 이러한 지점을 **마디(node)**라고 한다. 예컨대, 경계가 있는 오른쪽 끝이 이런 지점임을 알 수 있다. **그림 7.1**에서 최솟값은 0이다. 반대로 최대로 진동하는 위치도 있는데 이러한 지점은 **배(anti-node)**라고 한다. **그림 7.1**에서 최댓값은 $2A$(진폭의 2배)이다. **그림 7.1**을 보면 이런 지점은 마디인 경계로부터 $\frac{\lambda}{4}$만큼 떨어져 있다. 마디와 배 모두 $\frac{\lambda}{2}$를 공간 주기로 하여 반복된다. 마디와 배 사이의 거리는 $\frac{\lambda}{4}$이다.

이제 반대로 $r = 1$인 경우를 생각해 보자(자유단). 앞에서와 마찬가지로 경계는 오른쪽 끝에 위치에 있다. 시간 $t = 0$일 때, 앞에서와 마찬가지로 입사파와 반사파를 적으면

$$\begin{aligned}\psi(z, 0) &= A\cos kz + A\cos kz \\ &= 2A\cos kz\end{aligned} \tag{7.5}$$

가 된다. 이 경우 중첩시킨 파동은 원래 파동의 2배이다. **그림 7.2 (a)**에 이 경우를 나타냈다. 시간이 흐르면 이번에는

$$\psi(z, t) = A\cos(kz - \omega t) + A\cos(kz + \omega t) \tag{7.6}$$

가 된다. $\omega t = \frac{\pi}{4}$면 파동은 $\frac{\lambda}{8}$만큼 각각 반대 방향으로 이동하여 위상이 어긋나기 시작하며, 이에 따라 합성 파동의 진폭이 줄어들게 된다[**그림 7.2 (b)**]. 시간이 더 흘러

$\omega t = \dfrac{\pi}{2}$가 되면 파동은 $\dfrac{\lambda}{4}$만큼 각각 반대 방향으로 이동한다. 이 순간 **두 파동의 위상은 π만큼 차이** 나며 **그림 7.2 (c)**와 같이 **완전히 상쇄**된다. 이를 식으로 나타내면

$$\begin{aligned}\psi\left(z, \frac{\tau}{4}\right) &= A\cos\left(kz - \frac{\pi}{2}\right) + A\cos\left(z + \frac{\pi}{2}\right) \\ &= A\sin kz - A\sin kz \\ &= 0\end{aligned} \tag{7.7}$$

이 된다.

그림 7.2 (d)부터 **그림 7.2 (i)**까지는 시간이 계속 진행하여 $\omega t = 2\pi$인 순간에 도달할 때까지 동일한 시간 간격으로 보여준다. $r = -1$인 경우와 마찬가지로, 검은색 실선으로 나타낸 합성 파동을 보면 제자리에서 진동하는 모습을 볼 수 있다.

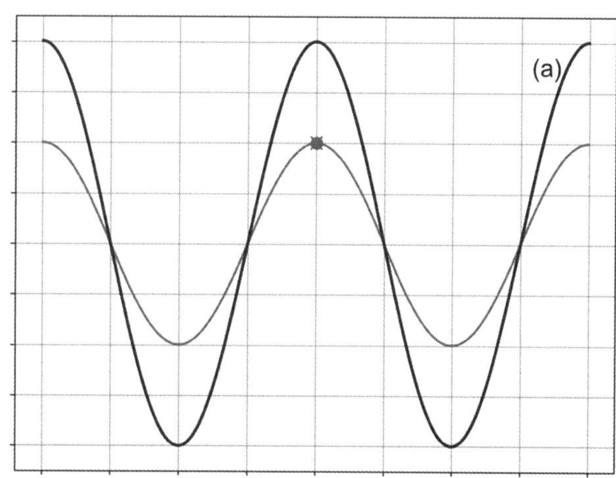

그림 7.2 $r = 1$인 경우, 진행하는 파동(회색 실선), 반사된 파동(회색 끊어진 선), 그리고 두 파동의 합(검은색 실선)을 시간의 진행에 따라 나타낸 그래프. 앞에서와 마찬가지로, 파동의 진행을 나타내기 위해 점과 가위표를 사용했다.

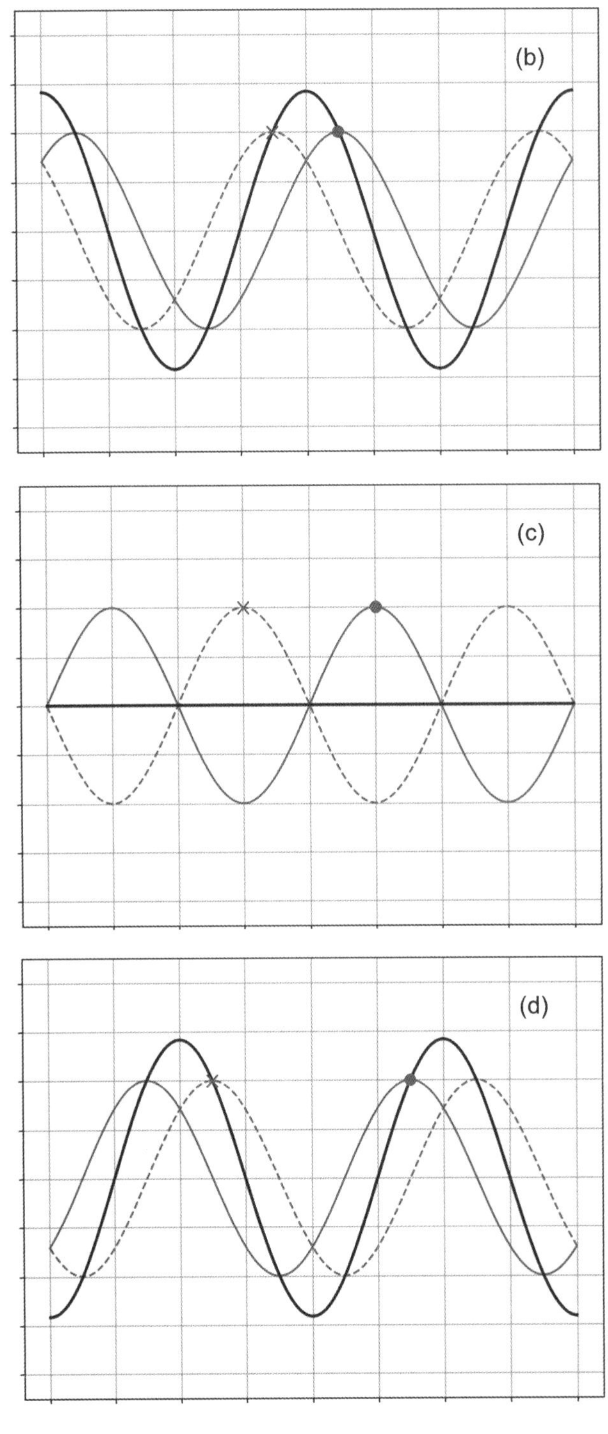

그림 7.2 (앞에서 계속)

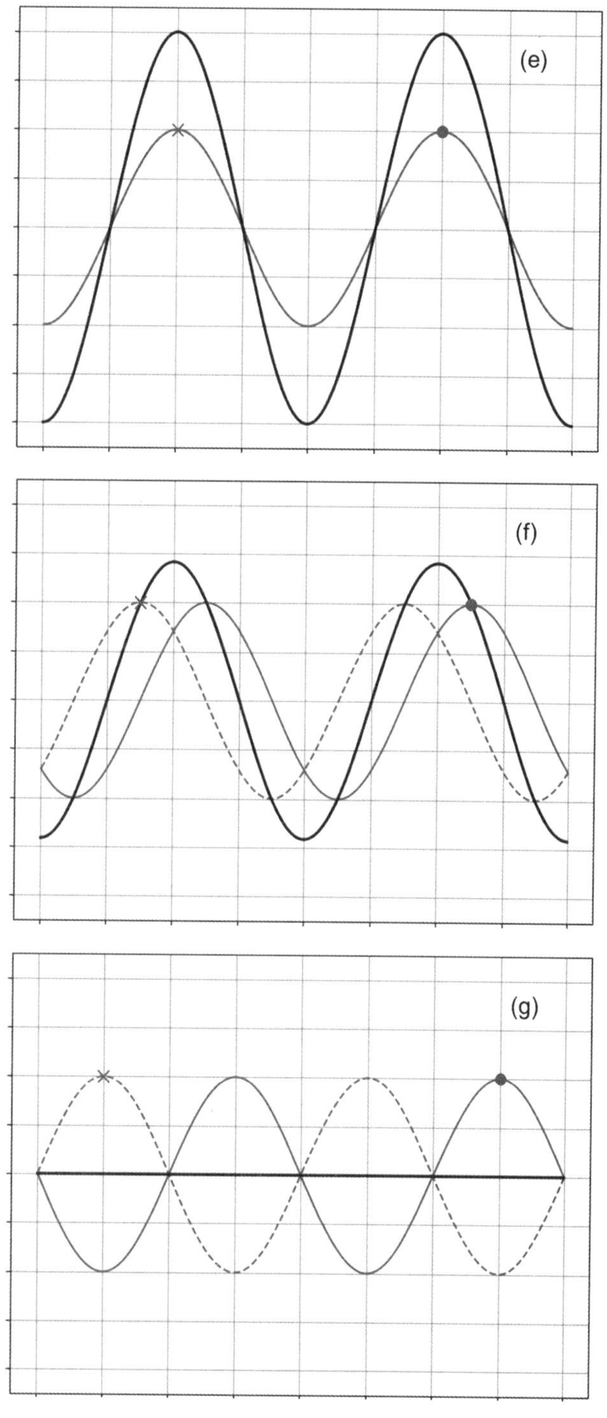

그림 7.2 (앞에서 계속)

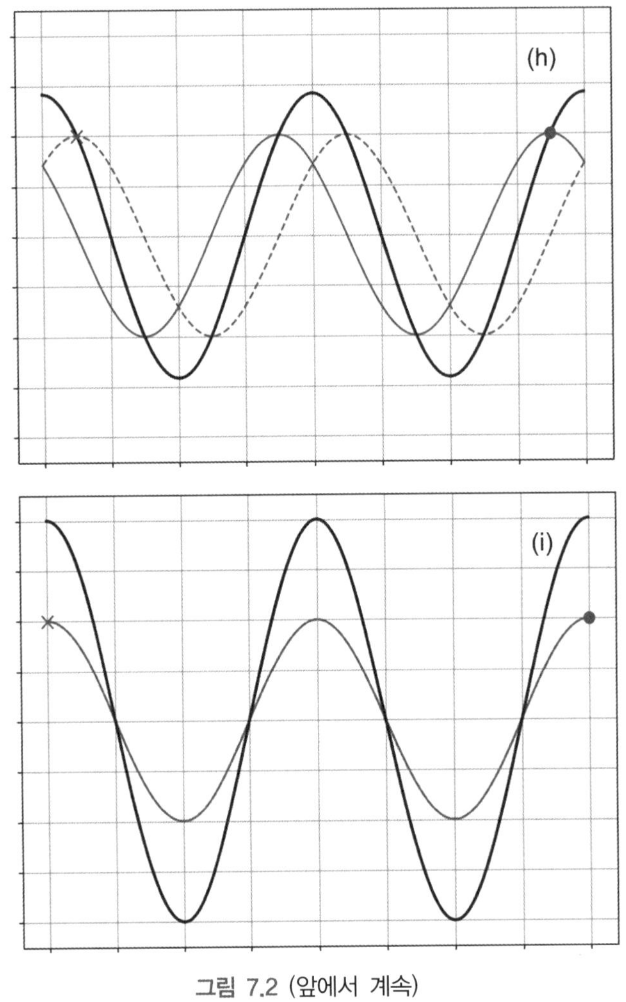

그림 7.2 (앞에서 계속)

임의의 시간의 파동의 모습을 얻기 위해 삼각함수 공식을 이용하여 (7.6)을 정리하면

$$\psi(z,t) = (2A\cos\omega t)\cos kz \tag{7.8}$$

를 얻는다. 이를 $\cos kz$의 **진폭이 시간에 따라 변하는** $2A\cos\omega t$라는 것으로 이해할 수 있다. (7.4)와 (7.8)의 차이가 나타내는 바와 같이, **그림 7.1**과 **그림 7.2**를 비교하면 마디와 배의 위치가 반대인 것을 알 수 있다. 즉, $r = -1$인 경우(고정단)는 경계에서 마디가 생기는 반면, $r = 1$인 경우(자유단)는 경계에서 배가 생긴다. 두 경우 모두 $\frac{\lambda}{4}$**만큼**

이동하면 마디와 배가 반복되며, 한 경우에 마디가 생기는 위치가 다른 경우에는 배가 생기는 것을 알 수 있다.

7.2 일반적인 정지파

일반적으로, 경계에서 파동이 전부 반사하는 것은 아니다. 즉, 반드시 $|r| = 1$인 것은 아니다. 이제 좀 더 일반적으로 $|r| < 1$인 경우를 생각해 보자. 먼저 **고정단과 같은 경우**를 고려해 보자. 즉, 반사 계수 r이 음수($r < 0$)여서 **반사 시 π의 위상차**를 갖는 경우이다. 앞에서와 마찬가지로 시간 $t = 0$일 때, 입사파와 반사파를 적으면

$$\psi(z, 0) = A\cos kz - |r|A\cos kz \tag{7.9}$$

와 같으며, $|r| < 1$이므로 (7.1)에서와 달리 완벽한 상쇄가 이뤄지지 않는다. $r < 0$이므로, 반사되며 파동이 뒤집힌다는 것을 명확히 나타내기 위해 반사파의 진폭을 $-|r|A$로 나타냈음에 유의하자. (7.9)를 정리하면

$$\psi(z, 0) = (1 - |r|)A\cos kz \tag{7.10}$$

를 얻는다. 두 파동이 상쇄되며 진폭이 줄어 $(1 - |r|)$배가 됐음을 알 수 있다. 다음 페이지의 **그림 7.3 (a)**에 $r = -0.5$를 가정하여 그린 모습이 나와 있다.

시간이 흘러 $\omega t = \dfrac{\pi}{4}$면 파동은 $\dfrac{\lambda}{8}$만큼 각각 반대 방향으로 이동한다[**그림 7.3 (b)**]. 이 경우, 두 파동의 위상차가 π에서 벗어나며 합성 파동의 진폭이 증가함을 볼 수 있다. 시간이 더 흘러 $\omega t = \dfrac{\pi}{2}$면 파동은 $\dfrac{\lambda}{4}$만큼 각각 반대 방향으로 이동하게 되는데, 이 경우는

$$\begin{aligned}\psi\left(z, \frac{T}{4}\right) &= A\cos\left(kz - \frac{\pi}{2}\right) - |r|A\cos\left(z + \frac{\pi}{2}\right) \\ &= (1 + |r|)A\sin kz\end{aligned} \tag{7.11}$$

가 된다. **그림 7.3 (c)**에 이 모습이 나와 있으며, 두 파동 사이에 위상차가 사라져서 더 보강된다. 진폭은 $(1+|r|)$배가 된다. 즉, $|r|<1$이어서 경계에서 파동이 모두 반사되지 않으면, 모두 반사될 때와 비교하여 두 파동이 완전히 상쇄되어 0이 되거나 보강하여 2배가 되지 않고, 최소는 $(1-|r|)$배, 최대는 $(1+|r|)$배가 됨을 알 수 있다. 단, 서로 반대 방향으로 이동하는 파동의 위상차가 두 파동이 합쳐질 때의 보강, 상쇄를 결정하므로 **마디와 배의 위치는 완전히 반사되는 경우와 동일하다.** 그 이후의 순간에 대해서는 동일한 시간 간격으로 **그림 7.3 (d)**에서 **그림 7.3 (i)**까지 나와 있다.

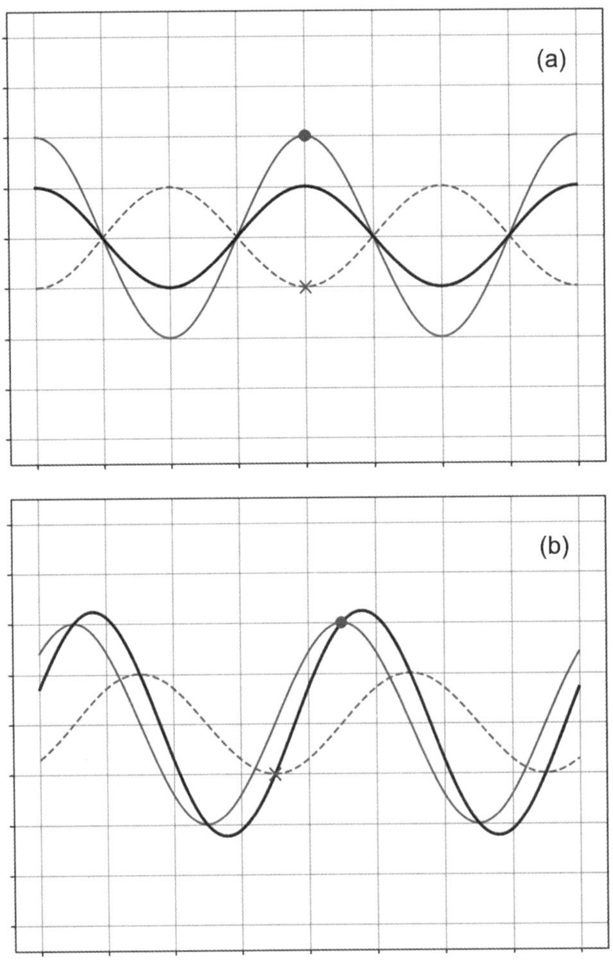

그림 7.3 $r=-0.5$인 경우, 진행하는 파동(회색 실선), 반사된 파동(회색 끊어진 선), 그리고 두 파동의 합(검은색 실선)을 시간의 진행에 따라 나타낸 그래프. 앞에서와 마찬가지로, 파동의 진행을 나타내기 위해 점과 가위표를 사용했다.

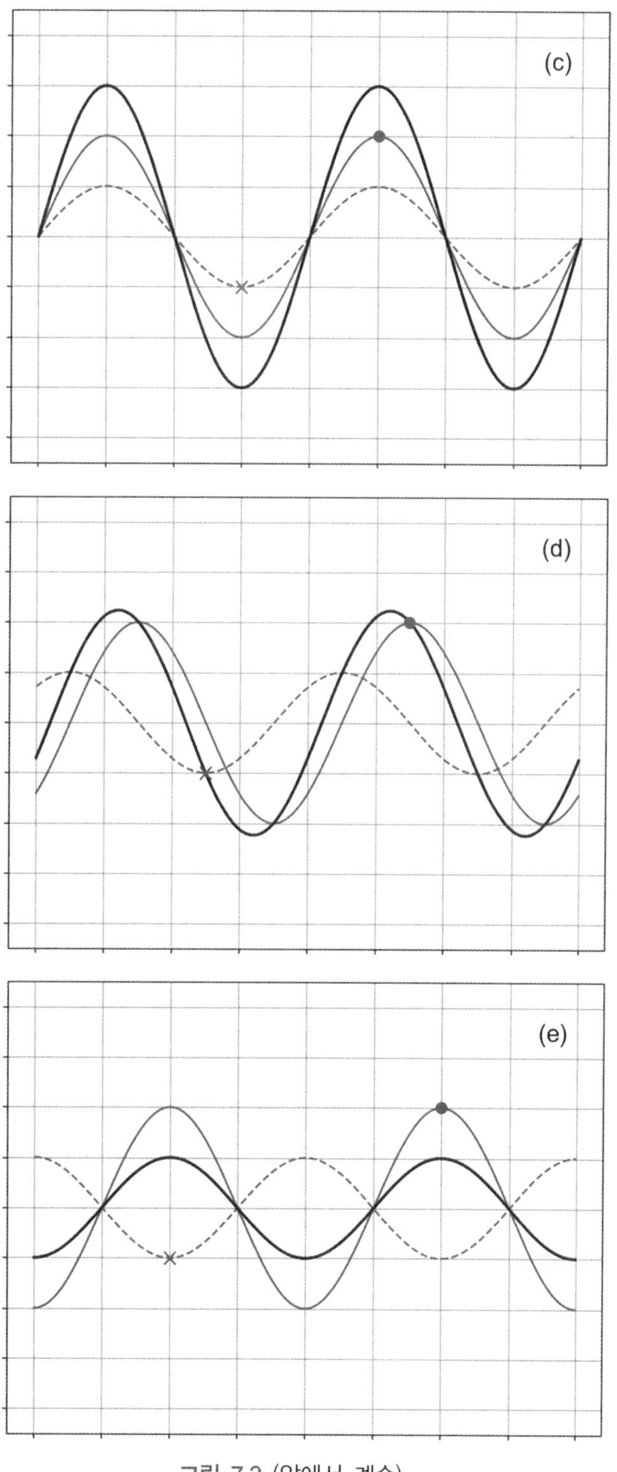

그림 7.3 (앞에서 계속)

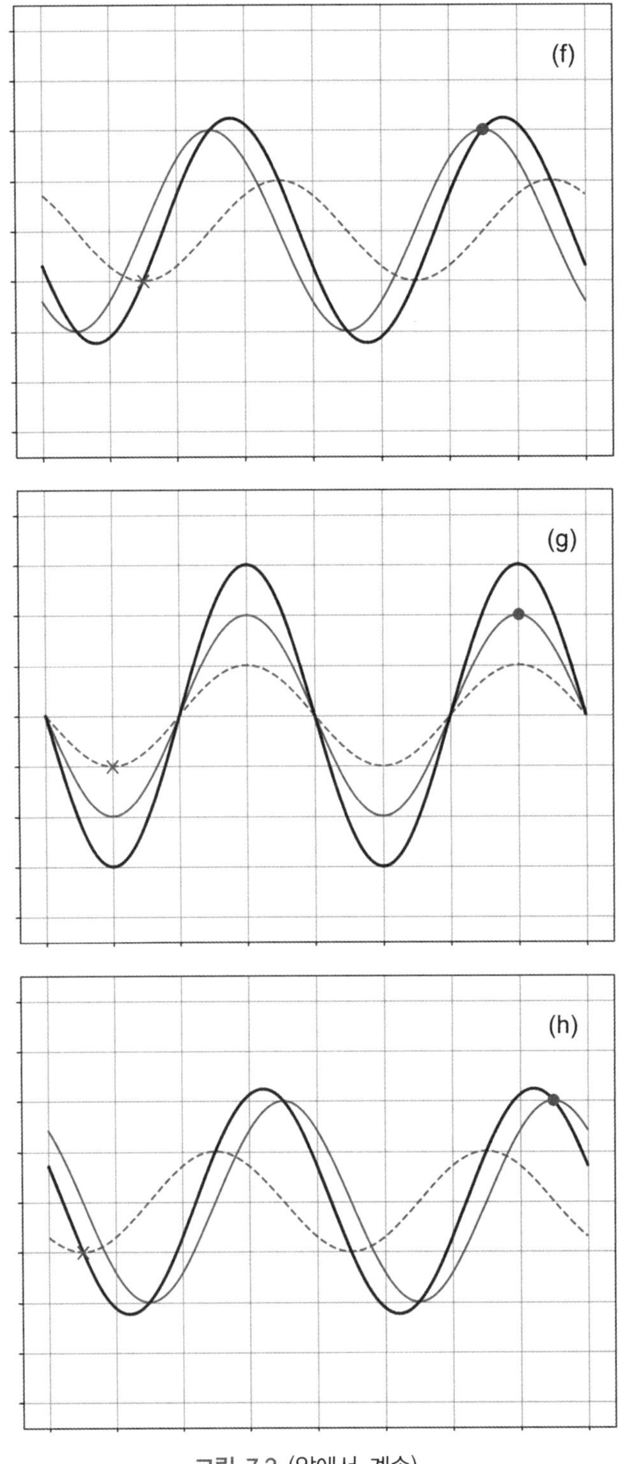

그림 7.3 (앞에서 계속)

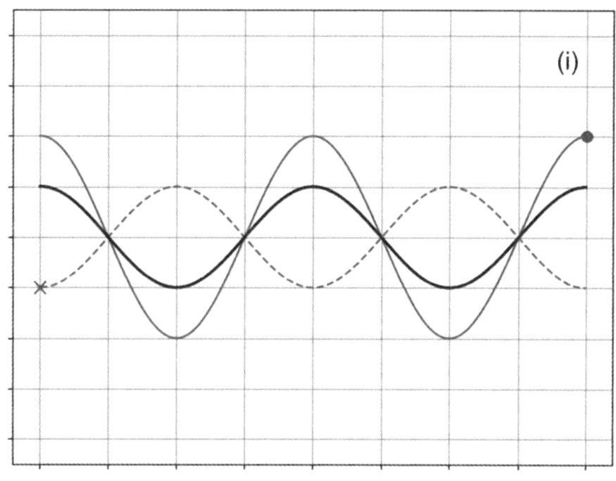

그림 7.3 (앞에서 계속)

이제 **자유단과 같은 경우**($r > 0$)를 생각해 보자. 즉, 반사 시 위상차가 없는 경우이다. 이 경우 시간 $t = 0$일 때 입사파와 반사파를 적으면

$$\begin{aligned}\psi(z,0) &= A\cos kz + |r|A\cos kz \\ &= (1+|r|)A\cos kz\end{aligned} \tag{7.12}$$

를 얻는다. $r > 0$이므로 r에 절댓값을 씌울 필요가 없지만, 확실히 나타내기 위해 $|r|$를 사용했다. 두 파동이 같은 위상으로 합쳐졌으므로 합성 파동의 진폭이 $(1+|r|)$배 커졌다. $r = 0.5$일 때 이 경우가 다음 페이지의 **그림 7.4** (a)에 나와 있다.

시간이 흘러 $\omega t = \dfrac{\pi}{4}$면 파동은 $\dfrac{\lambda}{8}$만큼 각각 이동하여 위상이 어긋나기 시작하며, 이에 따라 합성 파동의 진폭이 줄어들게 된다[**그림 7.4** (b)]. 시간이 더 흘러 $\omega t = \dfrac{\pi}{2}$가 되면 파동은 원래 위치로부터 $\dfrac{\lambda}{4}$만큼 각각 이동한다. 이 경우는 (7.7) 대신

$$\begin{aligned}\psi\left(z, \frac{\tau}{4}\right) &= A\cos\left(kz - \frac{\pi}{2}\right) + |r|A\cos\left(z + \frac{\pi}{2}\right) \\ &= (1-|r|)A\sin kz\end{aligned} \tag{7.13}$$

를 얻으며, 두 파동의 위상차가 π임에도 그 합이 완전히 상쇄되지 않는다[**그림 7.4** (c)]. **그림 7.4** (d)에서 **그림 7.4** (i)에는 이 이후의 순간에 대한 모습이 나와 있다. 자유단과 같이 반사 시 위상차가 없는 경우도, 정지파의 최대 진폭은 $(1+|r|)$배, 최소 진폭은 $(1-|r|)$배가 됨을 알 수 있다.

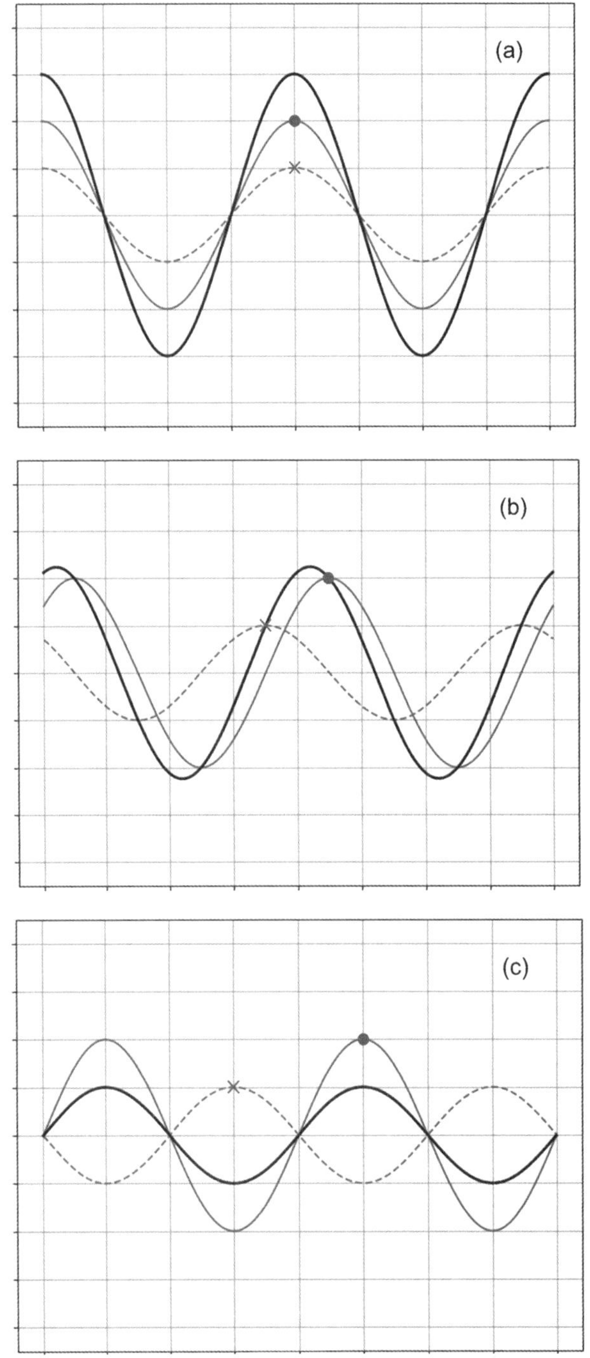

그림 7.4 $r = 0.5$인 경우, 진행하는 파동(회색 실선), 반사된 파동(회색 끊어진 선), 그리고 두 파동의 합(검은색 실선)을 시간의 진행에 따라 나타낸 그래프. 앞에서와 마찬가지로, 파동의 진행을 나타내기 위해 점과 가위표를 사용했다.

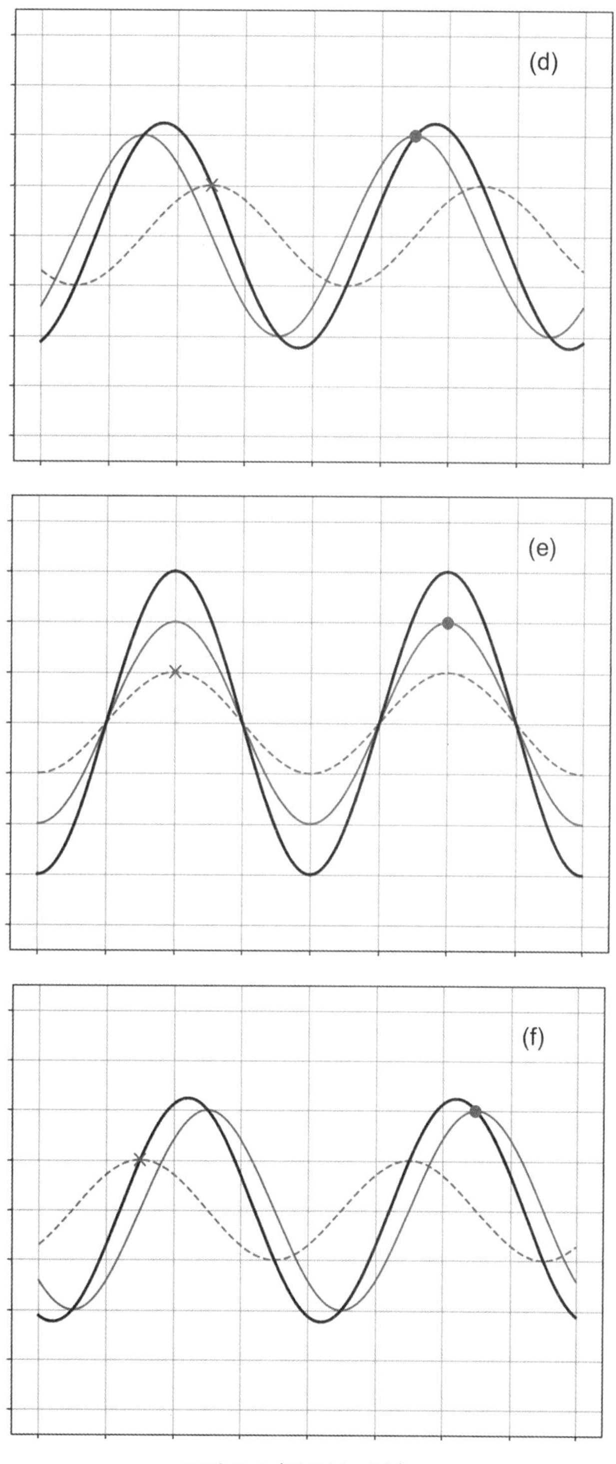

그림 7.4 (앞에서 계속)

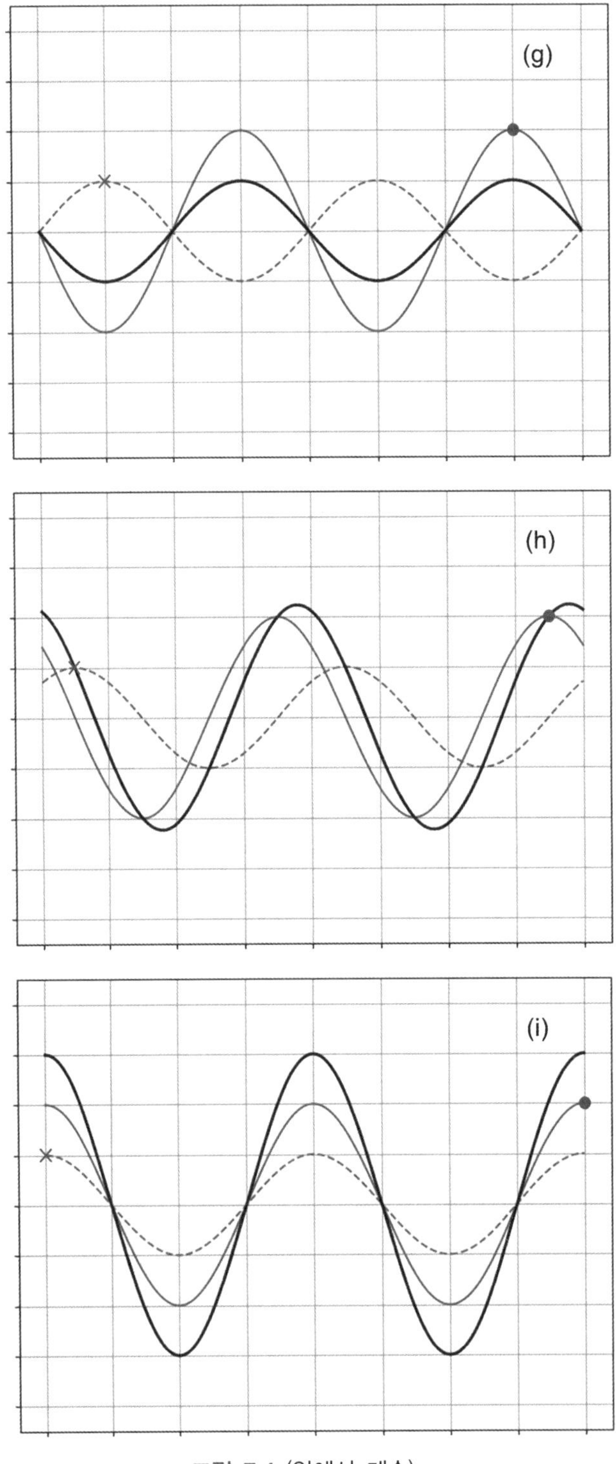

그림 7.4 (앞에서 계속)

위의 논의를 보면 경계에서 얼마나 반사되느냐를 나타내는 반사 계수의 절댓값 $|r|$이 정지파의 최대 진폭과 최소 진폭을 결정짓는 것을 알 수 있는데, 최대 진폭을 최소 진폭으로 나눈 것을 정지파 비(standing wave ratio, SWR)라고 부른다. 즉,

$$\mathrm{SWR} = \frac{1+|r|}{1-|r|} \tag{7.14}$$

이다. 경계에서 모두 반사되어($|r| = 1$) 완벽한 정지파가 생기면 SWR은 무한대(∞)이며, 반사가 적게 될수록 SWR은 줄어든다. 반사가 하나도 되지 않으면 정지파가 생기지 않으며, 이 경우 SWR은 1이다.

7.3 고유 모드

앞 절에서 경계가 하나만 있는 경우를 살펴보았다. 만약 경계가 하나 더 있다면 그 경계에서 다시 반사가 일어나게 되는데, 그 경계에서 고정단이나 자유단과 같은 경계 조건을 다시 만족해야 한다. 즉, $r = -1$인 경우, **그림 7.1**에서 경계가 있는 오른쪽 끝에 마디가 발생했던 것과 같이 또 다른 경계인 왼쪽 끝에도 마디가 발생해야 한다. 이러한 경계 조건을 만족시키는 경우는 두 경계 사이의 거리를 L이라고 했을 때, **그림 7.5**와 같은 모양으로 정지파가 진동하는 것이다.

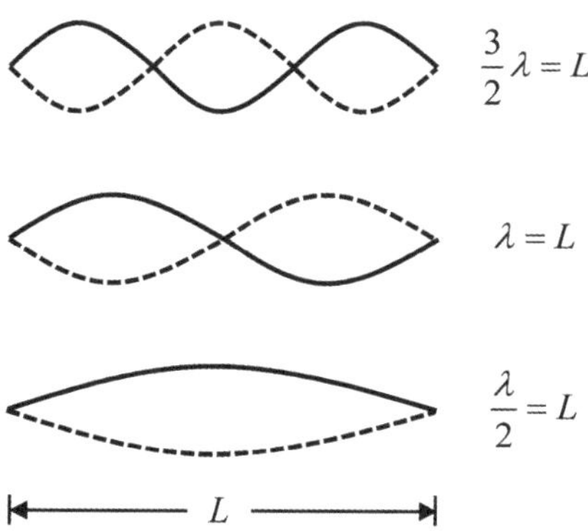

그림 7.5 양쪽이 고정되어 있는 줄 위에서 진동하는 정시파의 예. 점선은 시간이 주기의 절반만큼 지났을 때의 모습이다.

그림 7.5를 보면 두 경계 사이의 거리와 파동 사이에 특별한 관계가 존재하는 것을 알 수 있다. 즉,

$$2L = m\lambda \ \ (m = 1, 2, 3, \cdots) \tag{7.15}$$

의 조건을 만족하는 것이다. 이와 같이 특별한 조건을 만족하는 파동만 진동하는 것을 공명이라고 하며 (7.15)를 공명 조건이라고 부른다. 이러한 진동을 **고유 모드**, **정규 모드**(normal mode), 또는 **조화 모드**(harmonic mode)라는 이름으로 부르기도 한다.

양쪽 경계가 자유단($r = 1$)인 경우에 진동하는 고유 모드의 모양은 **그림 7.6**에 나와 있다. 이 경우의 공명 조건도 (7.15)와 동일하다는 것을 알 수 있다.

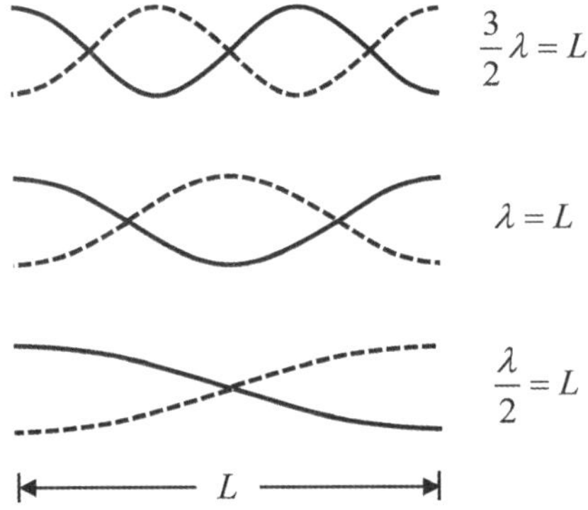

그림 7.6 양쪽이 자유단인 줄 위에서 진동하는 정지파의 예. 점선은 시간이 주기의 절반만큼 지났을 때의 모습이다.

7.4 고유 모드의 수학적 기술

이제 고유 모드를 수학적으로 기술해 보기로 하자. 이를 위해 파동 방정식부터 시작해 보자.

$$\frac{\partial^2 \psi}{\partial z^2} = \frac{1}{v_p^2} \frac{\partial^2 \psi}{\partial t^2} \tag{7.16}$$

줄에서 진행하는 파동의 경우, 파동의 전파 속력은

$$v_p = \sqrt{\frac{T}{\mu}} \tag{7.17}$$

이다. 우리는 (7.16)의 파동 방정식을 경계 조건을 적용하여 풀어야 한다. 예로, 양 끝이 고정되어 있는 길이가 L인 줄을 생각해 보자. 즉, 다음의 경계 조건을 생각해 보자.

$$\psi(0, t) = 0 \tag{7.18}$$

$$\psi(L, t) = 0 \tag{7.19}$$

파동 방정식 (7.16)의 조화 함수 일반해는

$$\psi(z, t) = A\cos(kz - \omega t) + B\cos(kz + \omega t) \tag{7.20}$$

로 쓸 수 있다. (7.20)의 첫 번째 항은 $+z$ 방향으로 진행하는 파동, 두 번째 항은 $-z$ 방향으로 진행하는 파동을 나타낸다. A, B는 각각의 파동의 진폭이다. 경계조건 (7.18)을 만족하기 위해서는

$$\psi(0, t) = A\cos(-\omega t) + B\cos\omega t = 0 \tag{7.21}$$

이어야 하므로,

$$B = -A \tag{7.22}$$

여야 한다. 이를 적용하여 (7.20)을 정리하면

$$\begin{aligned}\psi(z,t) &= A\cos(kz-\omega t) - A\cos(kz+\omega t) \\ &= (2A\sin\omega t)\sin kz\end{aligned} \tag{7.23}$$

를 얻는다. 이제 (7.19)의 경계조건을 만족해야 한다. 이를 위해서는

$$\psi(L,t) = (2A\sin\omega t)\sin kL = 0 \tag{7.24}$$

이어야 한다. 즉,

$$\sin kL = 0 \quad \rightarrow \quad kL = m\pi \quad (m = 1, 2, 3, \cdots) \tag{7.25}$$

이를 정리하면

$$2L = m\lambda \quad (m = 1, 2, 3, \cdots) \tag{7.26}$$

을 얻는다. 이는 정지파의 모양을 그려 알아냈던 (7.15)와 동일함을 알 수 있다. (7.26)을 파장에 대해 정리하면

$$\lambda_m = \frac{2L}{m} \quad (m = 1, 2, 3, \cdots) \tag{7.27}$$

이 된다. m에 따라 파장이 달라지므로 파장 λ에 아래 첨자 m을 표시했다. (7.27)을 진동수에 대해 바꾸면

$$f_m = \frac{v_p}{\lambda_m} = \frac{m}{2L}\sqrt{\frac{T}{\mu}} \tag{7.28}$$

를 얻는다. 이와 같이 경계조건 (7.18), (7.19)를 만족하는 정지파를 고유 모드라고 한다. (7.28)의 f_m은 고유 모드에 대응하는 **고유 진동수**이다.

이제 파동 방정식 (7.16)의 해를 (7.20)과 같이 바로 적지 말고, 편미분 방정식을 직접 풀어보도록 하자. 이 연습을 통해 우리는 좀 더 일반적인 정지파를 어떻게 고유 모드를

이용하여 기술할 수 있는지 배우게 될 것이다. 파동 방정식 (7.16)의 해를 구하기 위해 변수 분리법(separation of variables)을 이용해 보자. 즉, 파동 방정식의 해 $\psi(z,t)$가 z만의 함수 Z와 t만의 함수 T의 곱으로 이루어져 있다고 다음과 같이 가정해 보자.

$$\psi(z,t) = Z(z)\,T(t) \tag{7.29}$$

(7.29)를 파동 방정식 (7.16)에 넣고 정리하면 다음을 얻는다.

$$\frac{d^2 Z}{dz^2}\,T = \frac{1}{v_p^2} Z \frac{d^2 T}{dt^2} \tag{7.30}$$

(7.30)은 다음과 같이 정리할 수 있다.

$$\frac{1}{Z}\frac{d^2 Z}{dz^2} = \frac{1}{v_p^2}\frac{1}{T}\frac{d^2 T}{dt^2} = -k^2 \tag{7.31}$$

여기서 k는 어떤 상수이며, 차원 분석을 통해 파수와 같은 차원(=1/길이)을 갖는다는 것을 알 수 있다. (7.31)은 다음과 같이, 2개의 변수 분리된 방정식을 낳는다.

$$\frac{d^2 Z}{dz^2} + k^2 Z = 0 \tag{7.32}$$

$$\frac{d^2 T}{dt^2} + k^2 v_p^2\,T = 0 \tag{7.33}$$

(7.32)의 해는

$$Z(z) = A_1 \cos kz + A_2 \sin kz \tag{7.34}$$

로 적을 수 있으므로, k는 정말로 파수임을 알 수 있다. (7.33)은 $\omega^2 \equiv k^2 v_p^2$을 이용하여

$$\frac{d^2 T}{dt^2} + \omega^2 T = 0 \tag{7.35}$$

로 다시 적을 수 있다. 이 방정식의 해는

$$T(t) = B_1 \cos \omega t + B_2 \sin \omega t \tag{7.36}$$

이므로 ω는 각진동수의 의미를 가지며

$$v_p = \pm \frac{\omega}{k} \tag{7.37}$$

로서, 앞에서 봤던 파동의 이동 속도의 의미를 가짐을 다시 한번 확인할 수 있다.

이제 이렇게 구한 해를 이용하여 (7.29)에 넣으면

$$\psi(z,t) = (A_1 \cos kz + A_2 \sin kz)(B_1 \cos \omega t + B_2 \sin \omega t) \tag{7.38}$$

가 된다. A_1, A_2, B_1, B_2는 우리가 정해야 되는 상수이다. 4개의 함수가 곱해져 있다는 것을 명확히 하기 위해 (7.38)을 다음과 같이 나타내기도 한다.

$$\psi(z,t) = \begin{Bmatrix} \cos kz \\ \sin kz \end{Bmatrix} \begin{Bmatrix} \cos \omega t \\ \sin \omega t \end{Bmatrix} \tag{7.39}$$

이제 경계 조건을 적용해 보자. $z = 0$일 때 $\psi = 0$이라는 (7.18)을 (7.38)에 적용하면

$$A_1 = 0 \tag{7.40}$$

을 얻는다. 또한 $z = L$일 때 $\psi = 0$이라는 (7.19)를 (7.38)에 적용하면

$$\sin kL = 0 \tag{7.41}$$

을 얻는다. 이는 (7.25)의 파장 조건을 낳는다. 양의 정수 m에 따라 달라지는 파수를 k_m이라고 적으면 k_m은

$$k_m = \frac{m\pi}{L} \tag{7.42}$$

의 조건을 만족한다. 이를 **고유 파수(eigen wavenumber)**라고 부르겠다. (7.42)는 다음과 같이 대응되는 각진동수의 조건을 낳는다.

$$\omega_m = \frac{m\pi}{L} v_p \tag{7.43}$$

이를 **고유 각진동수(eigen angular frequency)**라고 부른다.

앞에서 살펴본 내용을 종합하여 (7.38)을 다시 적으면 다음과 같다.

$$\psi_m(z, t) = (\sin k_m z)(a_m \cos \omega_m t + b_m \sin \omega_m t) \tag{7.44}$$

양의 정수 m에 따라 함수가 달라지므로 $\psi(z, t)$에 아래 첨자 m을 적었음에 유의하자. a_m과 b_m의 상수들을 새롭게 정의하여 식을 간단히 나타냈다. (7.44)는 앞에서 서로 반대 방향으로 진행하는 파동을 합하여 얻은 (7.23)보다 더 일반적이다.

편미분 방정식의 가장 일반적인 해는 m에 따라 달라지는 해인 (7.44)를 모두 더한 것이다. 그러므로 양쪽 끝이 고정되어 있음을 나타내는 경계 조건 (7.18), (7.19)를 만족하는 파동 방정식의 일반 해는 최종적으로 다음과 같이 적을 수 있다.

$$\psi(z, t) = \sum_{m=1}^{\infty} (\sin k_m z)(a_m \cos \omega_m t + b_m \sin \omega_m t) \tag{7.45}$$

상수 a_m과 b_m은 초기 조건으로부터 구해야 한다. $t = 0$일 때 파동 함수와 파동 함수의 시간에 대한 미분 값(파동의 수직 방향 속도)이 다음과 같다고 하자.

$$\psi(z, 0) = \zeta(z) \tag{7.46}$$

$$\dot{\psi}(z,0) = \xi(z) \tag{7.47}$$

(7.45)에 (7.46)의 초기 조건을 적용하면

$$\zeta(z) = \sum_{m=1}^{\infty} a_m \sin k_m z \tag{7.48}$$

를 얻게 되는데, 이는 Fourier 급수임을 알 수 있다(4.3절 참조)! a_m을 구하기 위해서는 양변에 $\sin k_l z$를 곱해 0부터 L까지 적분한다. 즉,

$$\int_0^L \zeta(z)\sin(k_l z)\,dz = \sum_{m=1}^{\infty} a_m \int_0^L \sin(k_m z)\sin(k_l z)\,dz \tag{7.49}$$

를 얻는다. (7.49)의 우변은

$$\int_0^L \sin(k_m z)\sin(k_l z)\,dz = \frac{L}{2}\delta_{ml} \tag{7.50}$$

을 이용하여 간단히 할 수 있다. 이렇게 하여 a_m을 구하면

$$a_m = \frac{2}{L}\int_0^L \zeta(z)\sin(k_m z)\,dz \tag{7.51}$$

를 얻을 수 있다.

이제 초기 조건 (7.47)을 (7.45)에 적용해 보자. 이렇게 하면

$$\xi(z) = \sum_{m=1}^{\infty} \omega_m b_m \sin k_m z \tag{7.52}$$

를 얻는다. a_m을 구할 때와 똑같은 방식으로 진행하면 다음과 같이 b_m을 얻을 수 있다.

$$b_m = \frac{2}{\omega_m L}\int_0^L \xi(z)\sin(k_m z)\,dz \tag{7.53}$$

(7.45)가 우리에게 얘기해 주는 바는 이렇다. 시간 $t=0$일 때 파동의 모양과 파동의 수직 방향 속도, 즉 초기 조건이 주어지면, 우리는 이 초기 조건으로부터 a_m과 b_m을 구해 시간이 지남에 따라 파동의 모양이 어떻게 변하는지 예측할 수 있다! 이제 예를 하나 살펴보자.

7.5 고유 모드를 이용하여 정지파의 시간에 따른 변화 나타내기

그림 7.7과 같이 줄을 잡아 당겼다고 생각해 보자. 이제 $t=0$인 순간 줄을 **가만히** 놓으면, 시간이 지남에 따라 줄은 어떤 모습으로 진동할까? 초기 조건을 식으로 표현하면 다음과 같다.

$$\zeta(z) = \begin{cases} \dfrac{2A}{L}z, & 0 \le z < \dfrac{L}{2} \\ -\dfrac{2A}{L}(z-L), & \dfrac{L}{2} \le z < L \end{cases} \tag{7.54}$$

$$\xi(z) = 0 \tag{7.55}$$

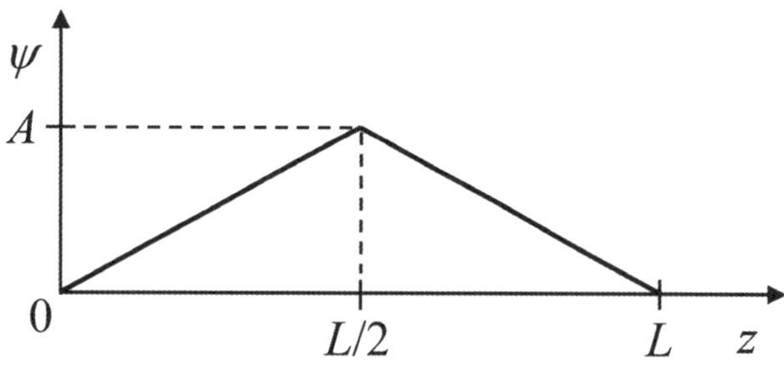

그림 7.7 길이가 L인 줄의 중심에서 A만큼 잡아당긴 모습

수직 방향 속도에 대한 초기 조건 (7.55)는 (7.53)으로부터

$$b_m = 0 \tag{7.56}$$

이라는 결과를 바로 낳는다. 이제 초기 위치에 대한 조건 (7.54)를 활용해 보자. (7.51)을 이용하면

$$a_m = \frac{2}{L}\left[\int_0^{\frac{L}{2}} \frac{2A}{L} z \sin(k_m z)\, dz - \int_{\frac{L}{2}}^{L} \frac{2A}{L}(z-L)\sin(k_m z)\, dz\right] \tag{7.57}$$

를 얻는다. (7.57)은

$$\int x \sin(ax)\, dx = -\frac{1}{a} x\cos(ax) + \frac{1}{a^2}\sin(ax) \tag{7.58}$$

의 적분 공식을 이용하여 적분할 수 있다. 여기서 a는 상수이다. (7.57)을 적분하여 정리하면

$$a_m = \frac{8A}{m^2\pi^2}\sin\left(\frac{m\pi}{2}\right) = \frac{8A}{m^2\pi^2}\begin{cases}(-1)^{\frac{m-1}{2}}, & m = 1, 3, 5, \cdots \\ 0, & m = 2, 4, 6, \cdots\end{cases} \tag{7.59}$$

를 얻는다. 이제 (7.59)와 (7.56)을 이용하여 (7.45)를 다시 적어보자.

$$\begin{aligned}\psi(z,t) &= \sum_{m=1}^{\infty} a_m \cos(\omega_m t)\sin(k_m z) \\ &= \sum_{m=\text{odd}}^{\infty} (-1)^{\frac{m-1}{2}} \frac{8A}{m^2\pi^2}\cos(\omega_m t)\sin(k_m z)\end{aligned} \tag{7.60}$$

여기서 $k_m = \frac{m\pi}{L}$이며, $\omega_m = \frac{m\pi}{L} v_p$이며, $k_m = mk_1$, $\omega_m = m\omega_1$이라고 할 수 있다.

결국 (7.60)은 파장이 다른 여러 고유 모드를 이용하여 임의의 모양을 갖는 정지파가 진동하는 모습을 나타낸 것이라고 이해할 수 있다. (7.60)에 나온 홀수에 대한 합을 양의 정수에 대한 합으로 바꾸면 다음과 같이 다시 나타낼 수 있다.

$$\psi(z,t) = \sum_{m=1}^{\infty} (-1)^{m-1} \frac{8A}{(2m-1)^2 \pi^2} \cos\left[(2m-1)\omega_1 t\right] \sin\left[(2m-1)k_1 z\right] \tag{7.61}$$

(7.61)을 시간에 따라 나타낸 것이 **그림 7.8**에 나와 있다.

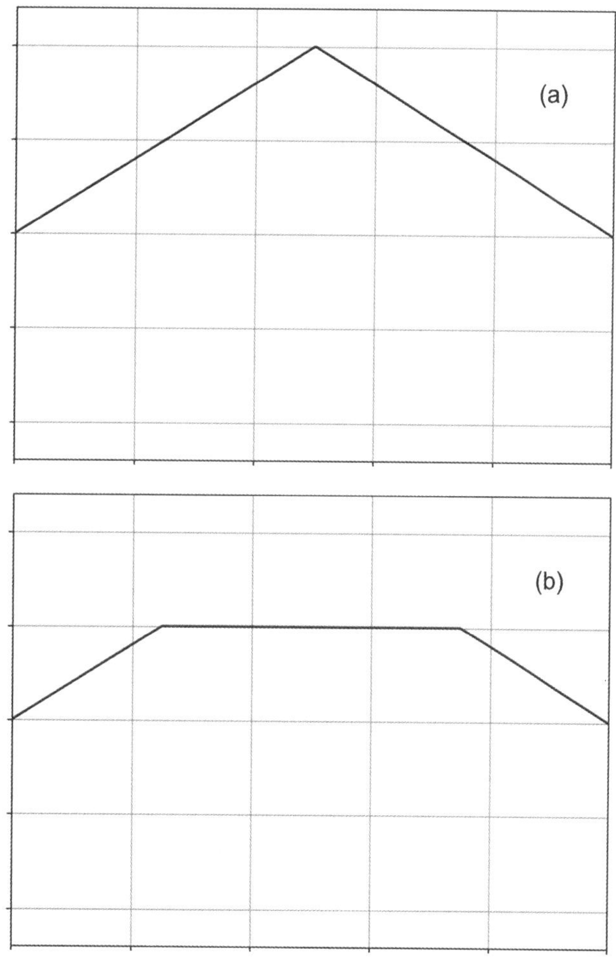

그림 7.8 그림 7.7의 정지파가 시간에 따라 진동하는 모습을 $\omega_1 t = 0.25\pi$ 간격으로 나타낸 그림

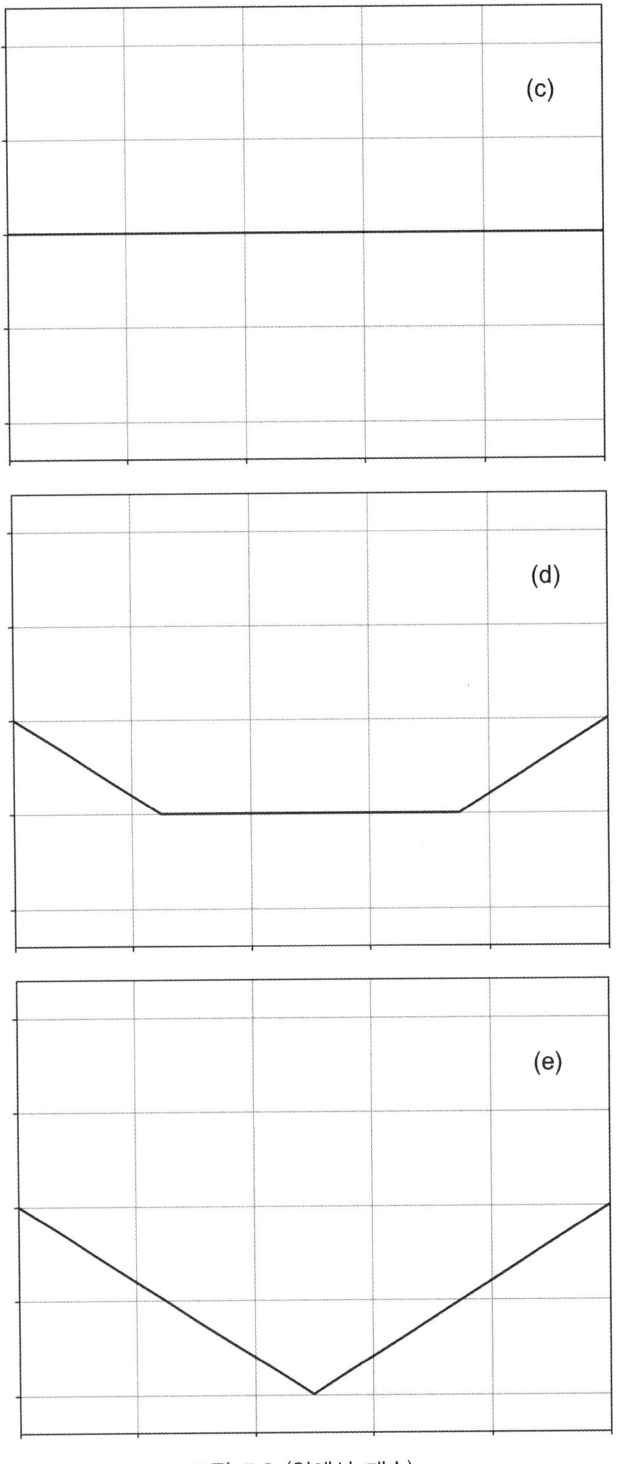

그림 7.8 (앞에서 계속)

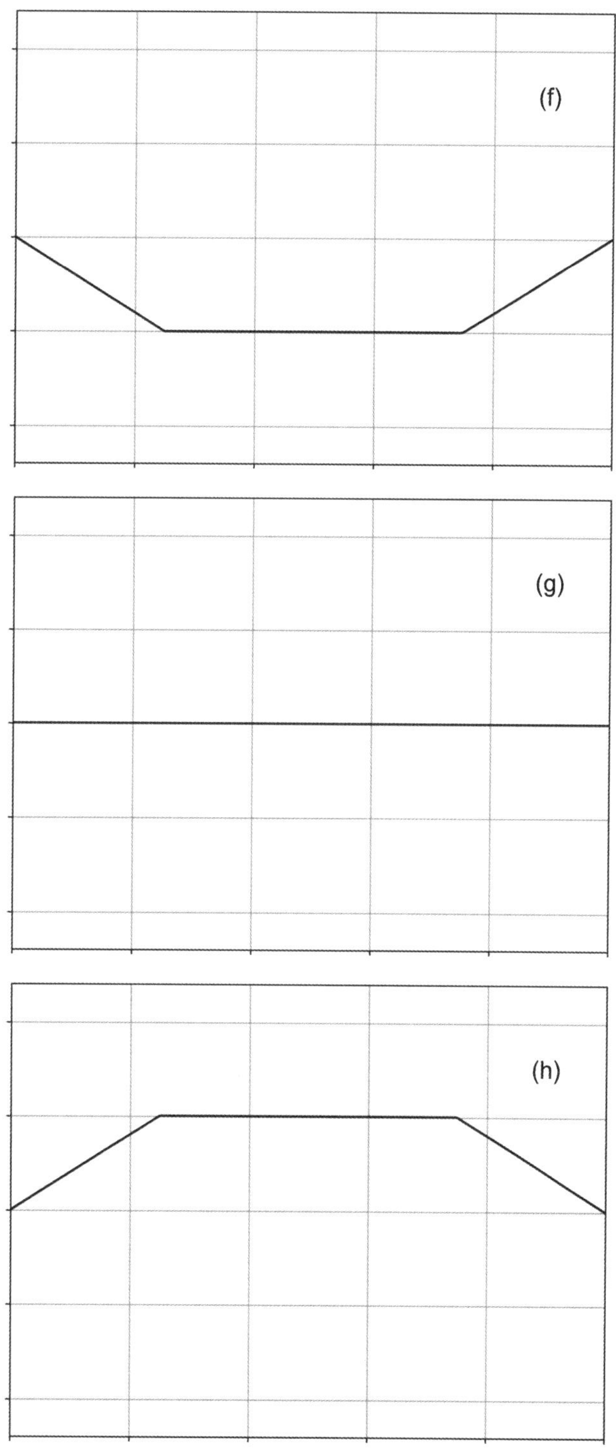

그림 7.8 (앞에서 계속)

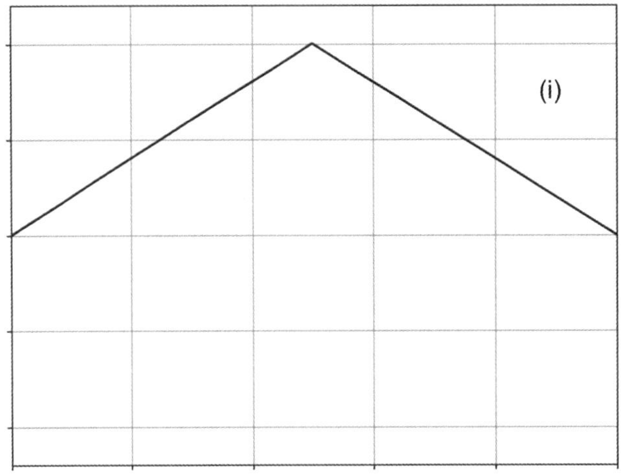

그림 7.8 (앞에서 계속)

8

파동의 간섭

파동이 겹쳐서 파동의 모양이 달라지는 것을 파동의 **간섭**(interference)이라고 한다. 서로 **반대 방향**으로 진행하는 파동이 합쳐지며 정지파를 발생시키는 것을 7장에서 살펴본 바 있다. 이번 장에서는 파동이 **같은 방향**으로 진행하여 발생하는 간섭에 대해 알아보고자 한다. 파동의 간섭을 수학적으로 다루는 기본적 방법과 중요한 예를 살펴보겠다. 파동의 간섭은 파동성의 가장 중요한 예 가운데 하나로서, 이를 활용한 예를 실생활에서도 볼 수 있다. 얇은 막을 이용한 무반사 코팅을 그 예로 들 수 있겠다.

8.1 간섭의 이해

같은 방향($+z$ 방향)으로 진행하는 두 개의 1차원 파동을 다음과 같이 나타내 보자.

$$\psi(z,t) = A\cos(kz-\omega t) + A\cos(kz-\omega t+\phi) \tag{8.1}$$

파동의 진폭은 A로 동일하며, 두 파동 사이에는 ϕ의 위상차가 있음에 유의하자. 두 파동은 간섭하여 새로운 합성 파동을 낳는다.

$$\cos\alpha + \cos\beta = 2\cos\left(\frac{\alpha-\beta}{2}\right)\cos\left(\frac{\alpha+\beta}{2}\right) \tag{8.2}$$

를 이용하면 (8.1)은

$$\psi(z,t) = \left(2A\cos\frac{\phi}{2}\right)\cos\left(kz - \omega t + \frac{\phi}{2}\right) \tag{8.3}$$

로 정리할 수 있다. (8.3)은 진폭이 $2A\cos\frac{\phi}{2}$인 또 다른 진행하는 파동을 나타낸다. 두 파동의 **위상차 ϕ**가 간섭의 결과로 생긴 **새로운 파동의 진폭을 결정**함을 알 수 있다.

만약 $\phi = 0$이라고 해보자. 이 경우는 **그림 8.1 (a)**에 나와 있으며, 두 파동 사이에 아무런 위상차가 없으므로 마루는 마루, 골은 골과 합쳐지며 진폭이 $2A$로 늘어난 파동을 만든다. 이러한 경우를 **(완전) 보강 간섭[(total) constructive interference]**이라고 한다.

만약 $\phi = \pi$라고 해보자. 이 경우는 **그림 8.1 (b)**에 나와 있다. 두 파동은 마루와 골, 골과 마루가 만나게 되며 진폭이 같으므로 완전히 상쇄되어 간섭의 결과는 0이 된다. 이러한 경우는 **(완전) 상쇄 간섭[(total) destructive interference]**이라고 한다.

마지막으로 $\phi = \frac{\pi}{2}$인 경우를 생각해 보자. **그림 8.1 (c)**에 이 경우가 나와 있다. $\phi = \frac{\pi}{2}$일 때는 위상차가 있긴 하지만 애매하게 간섭이 된다. 진폭이 조금 증가한 것으로 보이며, 합성 파동은 두 파동의 중간 정도의 위상을 갖는다. 합성 파동의 진폭은 (8.3)으로부터 $2A\cos\frac{\pi}{4}$이며, 이 값은 $\sqrt{2}A$이다. 또한 합성 파동은 두 파동 위상차의 절반인 $\frac{\phi}{2} = \frac{\pi}{4}$의 위상차를 갖는다. 이와 같이 완전한 보강 간섭($\phi = 0$)이나 상쇄 간섭($\phi = \pi$)이 아닌 경우는 **중간 간섭(intermediate interference)**이라는 이름으로 부르기도 한다.

지금까지, 두 파동이 간섭하는 경우 두 파동 사이의 위상차인 ϕ가 두 파동이 간섭한 결과인 합성 파동의 모양을 결정짓는다는 것을 확인했다.

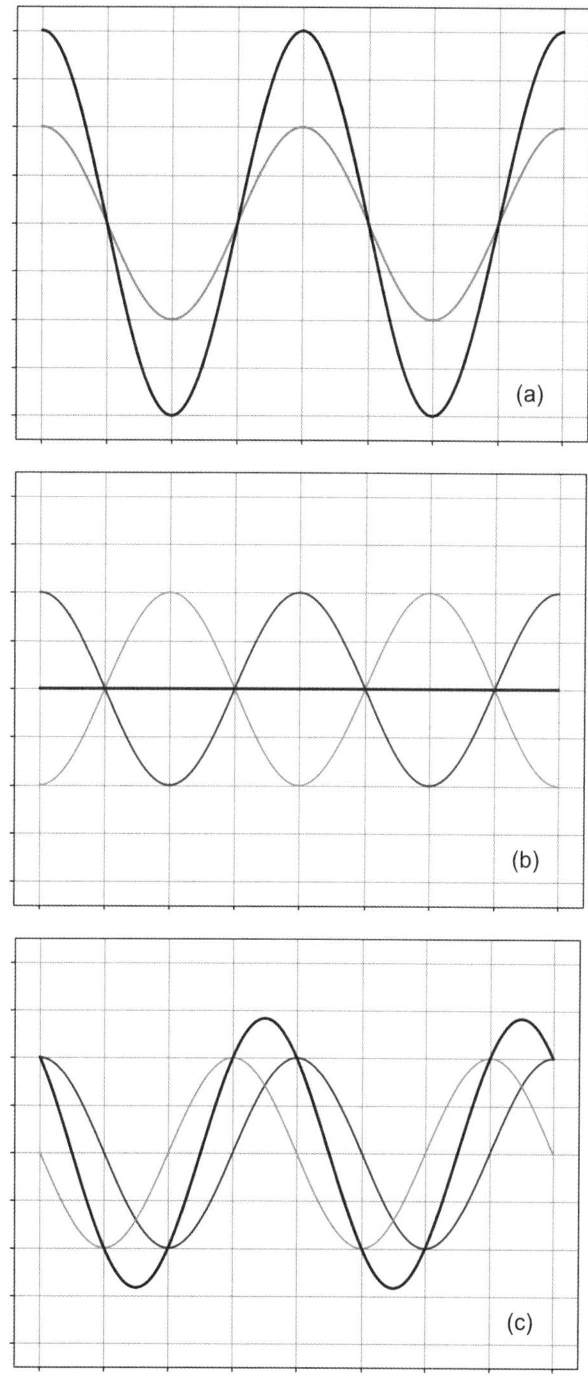

그림 8.1 두 파동의 간섭: (8.1) 식에서 $\omega t = 0$으로 하고 (a) $\phi = 0$, (b) $\phi = \pi$, (c) $\phi = \dfrac{\pi}{2}$를 가정하여 간섭의 결과를 그린 그림. 회색 선으로 나타낸 두 파동이 간섭한 결과가 검은색 선이다.

8.2 경로차로 인한 위상차의 발생

이제 간섭의 대표적인 예를 살펴보자. 바로 이중 슬릿(double slit)이다. **그림 8.2**는 슬릿 간격이 d인 이중 슬릿을 위에서 본 그림을 나타내고 있다. 이중 슬릿에서 각각의 슬릿은 파원으로서의 역할을 한다. 각각의 파원에서 나온 파동이 합쳐질 때 각도에 따라 **경로차(path difference)**가 발생하게 되며, 이 경로차가 결국 위상차를 낳는다. **그림 8.2**에서 각도 θ는 슬릿 면에 수직한 선과 슬릿에서 나가는 파동의 진행 방향과의 각도이다. **그림 8.2**에 나와 있는 두 파동의 경로차를 Δz라고 하면, 그림에서 Δz는

$$\Delta z = d \sin\theta \tag{8.4}$$

인 것을 알 수 있다. 이 경로차 Δz로 인한 위상차 ϕ는

$$\phi = k\Delta z = \frac{2\pi}{\lambda} d \sin\theta \tag{8.5}$$

가 된다.

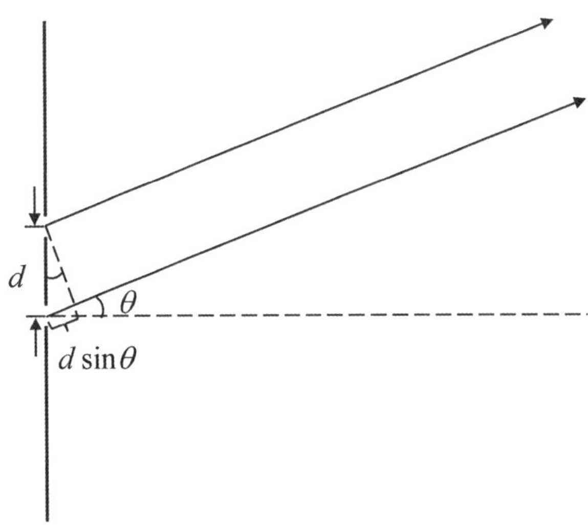

그림 8.2 이중 슬릿의 모습. 슬릿 사이의 거리는 d이다.

앞 절에서 살펴본 내용과 (8.5)를 이용하면 보강 간섭과 상쇄 간섭이 일어나는 각도 θ를 구할 수 있다. 먼저 보강 간섭이 일어가는 각도를 살펴보자. 앞 절에서 $\phi = 0$일 때 보강 간섭이 일어남을 배웠는데 조화 함수 파동은 2π의 위상을 주기로 반복되므로 보강 간섭의 일반적 조건은 $\phi = m \cdot 2\pi$임을 알 수 있다. 여기서 m은 정수이다. 그러므로 보강 간섭이 일어나는 각도는

$$\phi = \frac{2\pi}{\lambda} d \sin\theta = m \cdot 2\pi \tag{8.6}$$

의 조건을 만족해야 한다고 할 수 있다.[5] $m = 0$인 경우는 두 파동이 정면으로 가는 상황을 나타낸다. (8.6)을 정리하면

$$d \sin\theta = m\lambda \tag{8.7}$$

라고 할 수 있다. (8.7)은 경로차가 파장의 정수배인 경우 보강 간섭이 일어남을 알려준다. 파동은 공간상에서 파동을 주기로 반복되므로 경로차가 파장의 정수배란 말은 '실질적' 경로차가 없다는 것을 의미한다.[6]

상쇄 간섭이 일어나는 각도 θ도 마찬가지로 구할 수 있다. 앞 절에서 살펴본 $\phi = \frac{\pi}{2}$의 조건은 좀 더 일반적으로 $\phi = \frac{\pi}{2} + m \cdot 2\pi$로 바뀌어야 한다. 즉, 상쇄 간섭이 일어나는 각도는

$$\phi = \frac{2\pi}{\lambda} d \sin\theta = \frac{\pi}{2} + m \cdot 2\pi \tag{8.8}$$

이며, 이를 정리하면

---

5) 같은 각도로 가는 두 파동은 실제로는 만나지 않는다. 또는, 다른 말로 '무한대'에서 만난다고 할 수 있다. 실제로 두 파동이 만나기 위해서는 두 파동이 나가는 각도가 조금 달라야 한다. (8.6)의 식은 이 조금 다른 각도를 같다고 '이상화'한 것이라고 할 수 있다.

6) 실질적 경로차를 '유효 경로차(effective path difference)'라고 부르기도 한다.

$$d\sin\theta = \left(m+\frac{1}{2}\right)\lambda \tag{8.9}$$

의 조건을 얻는다. (8.9)는 실질적 경로차가 $\frac{\lambda}{2}$인 경우 상쇄 간섭이 일어남을 말해준다.

8.3 일반적 간섭의 경우

앞 절에서는 같은 방향으로 진행하여 간섭하는 2개의 파동이 간섭할 때 두 파동의 진폭이 같은 경우를 살펴봤다. 이번 절에서는 간섭하는 2개 파동의 진폭이 다른, 좀 더 일반적인 경우를 살펴보자. 이 경우를 다음과 같이 적어보자.

$$\psi(z,t) = A_1\cos(kz-\omega t+\phi_1) + A_2\cos(kz-\omega t+\phi_2) \tag{8.10}$$

진폭이 A_1과 A_2로 다르며 위상 상수 ϕ_1과 ϕ_2가 더해졌음에 유의하자. 이 경우는 어떻게 정리하여 간섭한 파동의 진폭과 새로운 위상을 구할 수 있을까? 복소수 표현을 이용할 수 있다! (8.10)을 복소수 표현을 이용하여 나타내면

$$\tilde{\psi}(z,t) = A_1 e^{i(kz-\omega t+\phi_1)} + A_2 e^{i(kz-\omega t+\phi_2)} \tag{8.11}$$

로 적을 수 있다. (8.11)을 정리하면

$$\tilde{\psi}(z,t) = \left(A_1 e^{i\phi_1} + A_2 e^{i\phi_2}\right) e^{i(kz-\omega t)} \tag{8.12}$$

가 된다. $A_1 e^{i\phi_1} + A_2 e^{i\phi_2}$를 극좌표로 표현하면 다음과 같이 쓸 수 있다.

$$\tilde{\psi}(z,t) = A e^{i\phi} e^{i(kz-\omega t)} \tag{8.13}$$

여기서 A는 복소수인 $\widetilde{A}=A_1e^{i\phi_1}+A_2e^{i\phi_2}$의 크기이며 ϕ는 이 복소수가 실수 축과 이루는 각도이다. (8.13)의 실수부를 취한 것이 바로 (8.10)을 정리한 것으로서, 합성 파동의 진폭은 A, 위상 상수는 ϕ임을 알 수 있다. 먼저 A를 구해보자.

$$\widetilde{A}=Ae^{i\phi}=A_1e^{i\phi_1}+A_2e^{i\phi_2} \tag{8.14}$$

이므로,

$$\begin{aligned} A^2=\widetilde{A}^*\widetilde{A} &= \left(A_1e^{-i\phi_1}+A_2e^{-i\phi_2}\right)\left(A_1e^{i\phi_1}+A_2e^{i\phi_2}\right) \\ &= A_1^2+A_2^2+2A_1A_2\cos(\phi_1-\phi_2) \end{aligned} \tag{8.15}$$

를 얻는다. 또한 복소수 $\widetilde{A}$의 허수부와 실수부의 비가 $\tan\phi$라는 사실로부터

$$\phi=\tan^{-1}\left(\frac{A_1\sin\phi_1+A_2\sin\phi_2}{A_1\cos\phi_1+A_2\cos\phi_2}\right) \tag{8.16}$$

를 얻을 수 있다.

최종 합성 파동은 (8.13)의 실수부인

$$\psi(z,t)=A\cos(kz-\omega t+\phi) \tag{8.17}$$

이며, 이 합성 파동의 진폭 A는 (8.15), 위상 상수 ϕ는 (8.16)으로 주어진다.

연습

(8.11)에서 $kz-\omega t$를 각도 θ라고 하면 파동의 합 $\widetilde{\psi}(z,t)=A_1e^{i(\theta+\phi_1)}+A_2e^{i(\theta+\phi_2)}$를 두 위상자[3.4.3절]의 합으로 생각할 수 있다. 교류 회로에서는 θ가 ωt였지만 파동에서는 θ가 $kz-\omega t$라는 차이만 있을 뿐이다. 각도 θ가 달라짐에 따라 위상자는 복소평면을 회전한다.

$\theta=0$으로 놓은 그림 8.3을 참고하여 $A_1e^{i(\theta+\phi_1)}+A_2e^{i(\theta+\phi_2)}$가 두 위상자의 합이라는 사실을 이용하여 (8.15)와 (8.16)을 구하여 보시오.

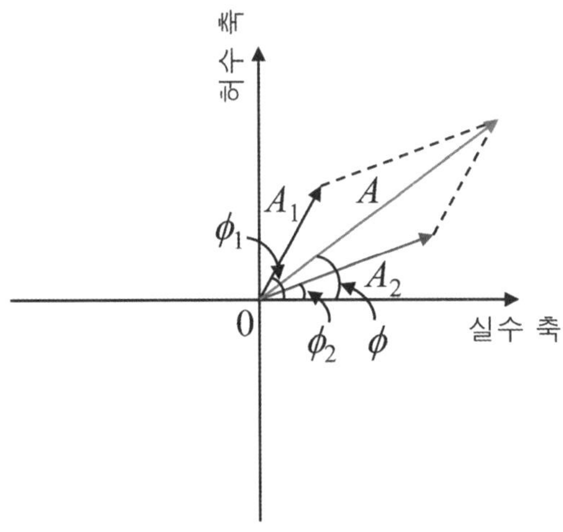

그림 8.3 두 복소수의 합을 위상자를 이용하여 구하는 그림

풀이 그림 8.3에 나와 있는 것처럼 두 복소수 위상자의 합은 벡터의 합처럼 생각할 수 있다. 여기서 실수부는 벡터의 x성분, 허수부는 벡터의 y성분이다. 그러므로 벡터의 크기 A는 다음과 같이 쓸 수 있다.

$$
\begin{aligned}
A^2 &= (A_1\cos\phi_1 + A_2\cos\phi_2)^2 + (A_1\sin\phi_1 + A_2\sin\phi_2)^2 \\
&= A_1^2 + A_2^2 + 2A_1A_2(\cos\phi_1\cos\phi_2 + \sin\phi_1\sin\phi_2) \\
&= A_1^2 + A_2^2 + 2A_1A_2\cos(\phi_1-\phi_2)
\end{aligned}
$$

이 결과는 (8.15)와 같다. x축과 이루는 각도 ϕ는 여전히 허수부와 실수부의 비가 $\tan\phi$라는 사실로부터 구할 수 있으므로 (8.16)과 같이 주어진다.

8.4 다중 슬릿의 경우

이제 슬릿이 같은 간격으로 늘어선 다중 슬릿을 생각해 보자. **그림 8.4**에 다중 슬릿의 모습이 나와 있다. 그림처럼, 같은 각도로 진행하는 파동은 바로 위 파동과 늘 동일한 경로차를 낳으므로, 위에서부터 아래로 내려갈수록 경로차로 인한 위상차가 동일한 값만큼 늘어나는 것을 알 수 있다.

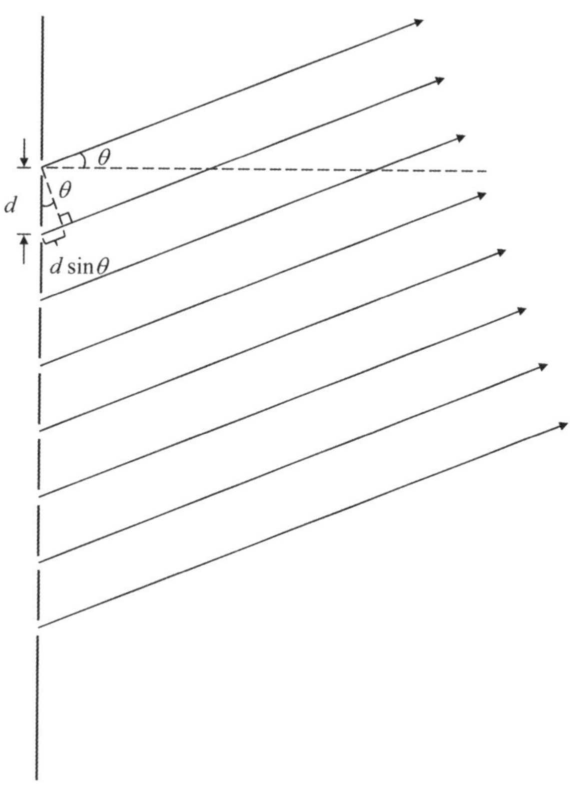

그림 8.4 다중 슬릿의 모습 (슬릿의 개수 $N = 8$)

그러므로 슬릿의 개수를 N이라 했을 때 간섭의 결과 생기는 합성 파동은

$$\begin{aligned}\psi(z,t) = &A\cos(kz-\omega t) + A\cos(kz-\omega t+\phi) + A\cos(kz-\omega t+2\phi) \\ &+ \cdots + A\cos[kz-\omega t+(N-1)\phi]\end{aligned} \tag{8.18}$$

로 적을 수 있다. (8.18)을 간단히 정리하기 위해 복소수 표현을 이용해 보자. 즉,

$$\tilde{\psi}(z,t) = A\,e^{i(kz-\omega t)}\left[1 + e^{i\phi} + e^{i2\phi} + \cdots + e^{i(N-1)\phi}\right] \tag{8.19}$$

이다. (8.19)의 등비 급수를 모두 더하여 정리하면 다음과 같다.

$$\tilde{\psi}(z,t) = A\,e^{i(kz-\omega t)}\,\frac{e^{iN\phi}-1}{e^{i\phi}-1} = A\,e^{i(kz-\omega t)}\,\frac{e^{i\frac{N\phi}{2}}}{e^{i\frac{\phi}{2}}}\,\frac{\sin\frac{N\phi}{2}}{\sin\frac{\phi}{2}} \tag{8.20}$$

(8.20)을 최종 정리하면

$$\tilde{\psi}(z,t) = A\left(\frac{\sin\frac{N\phi}{2}}{\sin\frac{\phi}{2}}\right)e^{i\left(kz-\omega t+\frac{N-1}{2}\phi\right)} \tag{8.21}$$

를 얻는다. 이렇게 얻은 (8.21)의 실수부가 (8.18)을 정리한 최종 결과이다. 즉,

$$\psi(z,t) = A\left(\frac{\sin\frac{N\phi}{2}}{\sin\frac{\phi}{2}}\right)\cos\left(kz-\omega t+\frac{N-1}{2}\phi\right) \tag{8.22}$$

가 된다. (8.22)는 다중 슬릿의 진폭이

$$A\left(\frac{\sin\frac{N\phi}{2}}{\sin\frac{\phi}{2}}\right) \tag{8.23}$$

이고, 진행하는 파동의 위상 상수는

$$\frac{N-1}{2}\phi \tag{8.24}$$

인 것을 말해준다. **그림 8.5**의 실선은 $N=8$인 경우의 진폭 (8.23)을 슬릿 간의 위상차 ϕ에 따라 보여준다($A=1$로 가정). $\phi=0$이거나 $\phi=2\pi$인 경우는 각 슬릿으로부터 나온 파동이 모두 보강 간섭을 하므로 진폭은 각 파동 진폭의 8배가 되는 것을 볼 수 있다. 그 외의 ϕ에 해당하는 경우는 파동들이 일부는 보강 간섭, 일부는 상쇄 간섭을 하여 진폭이 별로 커지지 않는 것을 볼 수 있으며, 모든 파동이 완전히 상쇄되어 진폭이 0이 되는 지점도 발생하는 것을 볼 수 있다.

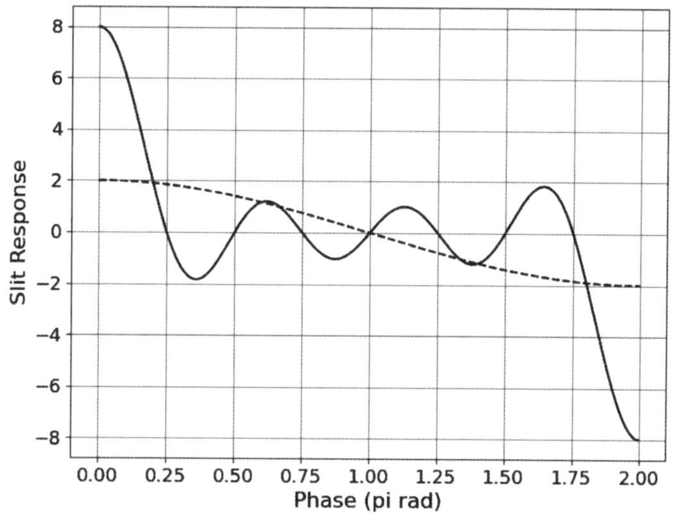

그림 8.5 $N=8$인 다중 슬릿으로부터 간섭된 합성 파동의 진폭을 슬릿 간의 위상차 ϕ에 따라 0에서 2π까지 그린 그래프(실선). ϕ는 $\pi\,\mathrm{rad}$로 나누어 정규화하여 그렸다. 끊어진 선은 $N=2$인 이중 슬릿의 경우이다.

그림 8.5에서 끊어진 선은 $N=2$인 이중 슬릿의 경우, 즉 (8.3)의 진폭인 $2A\cos\frac{\phi}{2}$를 그린 것을 보여준다. $\phi=0$이거나 $\phi=2\pi$인 경우, 보강 간섭으로 인한 진폭은 각 파동 진폭의 2배임을 볼 수 있다. 두 선을 비교하면, 슬릿의 개수가 많아짐에 따라 위상 변화에 따른 진폭 변화가 심해짐을 알 수 있다.

에너지는 진폭의 제곱에 비례하므로, 이제 진폭의 제곱이 슬릿 간의 위상차 ϕ에 따라 변하는 모습을 살펴보자. **그림 8.6**은 최댓값을 1로 정규화한, 진폭의 제곱을 나타낸 그래프인데, $N=8$(실선)과 $N=2$(끊어진 선)을 비교해 보면 슬릿의 개수가 늘어남에 따라 **보강 간섭을 보여주는 위상차의 너비가 크게 줄어듦**을 알 수 있다. 보강 간섭 후 처음 0이 나오는 위상차 ϕ를 이용하여 이러한 반응을 비교해 볼 수 있다. 이중 슬릿의 경우는 처음 0이 되는 ϕ가 π rad일 때인데, 다중 슬릿의 경우는 $\frac{\pi}{4}$ rad일 때이다. 이 두 ϕ의 비는 4인데, 이는 슬릿 개수의 비(8/2)와 정확히 일치한다. 즉, 슬릿의 개수 N이 증가하면 이러한 반응이 더욱 극대화되리라 기대할 수 있다. 다중 슬릿에서 이렇게 처음 0을 만드는 ϕ는 (8.23)에서 $\sin\frac{N\phi}{2}$가 0이 되기 때문에 발생하며, 이러한 ϕ를 '너비(width)'라는 의미에서 $\Delta\phi_w$라고 하면

$$\frac{N\Delta\phi_w}{2}=\pi \quad \rightarrow \quad \Delta\phi_w=\frac{2\pi}{N} \tag{8.25}$$

라고 할 수 있다. (8.25)는 슬릿의 개수 N에 반비례하여 보강간섭을 보여주는 위상차의 너비 $\Delta\phi_w$가 줄어듦을 알려준다.

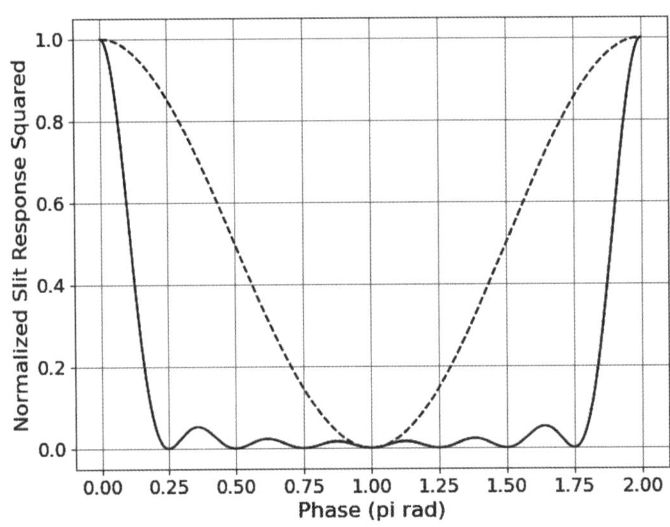

그림 8.6 $N=8$인 다중 슬릿으로 인한 합성 파동 진폭의 제곱을 위상차 ϕ에 따라 0에서 2π까지 정규화하여 그린 그래프(실선). 끊어진 선은 $N=2$인 이중 슬릿의 경우이다.

이와 같은 성질을 이용하여 특정한 파장을 골라내는 것이 바로 회절격자(diffraction grating)이다. 회절격자는 $\phi = m \cdot 2\pi$의 조건을 만족하는 파장만 골라냄으로써 여러 파장 중에서 하나의 파장만을 선택할 수 있도록 해준다. 회절격자는 파장을 분해하여 관찰하는 분광기(monochromator)의 핵심 요소이다. 회절격자에서는 N을 격자(주기적 구조)의 개수라고 부르며 m을 차수(order)라고 한다.

회절격자에는 반사형과 투과형이 있는데, 다중 슬릿이 바로 투과형 회절격자이다. 각각의 슬릿을 통과하여 진행하는 파동의 위상차는 이중 슬릿의 경우와 마찬가지로 경로차로 인해 발생하므로, 경로차로 인한 위상차는 (8.5)와 동일하다. d는 슬릿(격자) 간격이다. 합성 파동 진폭의 제곱이 최대가 되는 각도는 마찬가지로 (8.6)으로 주어진다. $m=0$인 경우는 정면으로 가는 경우이며, 이때는 경로차가 없으므로 (8.5)로 주어지는 위상차는 0이다. 따라서 이 경우는 **서로 다른 파장을 분리할 수 없다.** 이 외에 합성 파동 진폭의 제곱이 최대가 되는 보강 간섭이 되는 경우는

$$\phi = \frac{2\pi}{\lambda} d \sin\theta = m \cdot 2\pi \tag{8.26}$$

인데, 이때는 파장에 따라 위상차가 달라지므로 원하는 파장을 차수 m에 따라 특정한 각도로 골라낼 수 있다. 각도 θ로 오는 파장은 (8.26)을 정리하여

$$d \sin\theta = m\lambda \tag{8.27}$$

의 조건을 만족한다고 적을 수 있다.

고찰 ●

회절격자가 유사한 파장을 얼마나 잘 분리해내는지는 분해능(resolving power)을 이용하여 나타낸다. 분해능을 정의하기 위해 먼저 파장이 달라질 때 보강 간섭이 일어나는 각도가 얼마나 달라지는지 알아보자. (8.27)을 이용하면 λ가 $\Delta\lambda$만큼 변할 때 각도 θ가 얼마나($\Delta\theta$) 변하는지 다음과 같이 쓸 수 있다.

$$(d\cos\theta)\Delta\theta \simeq m\Delta\lambda$$

위 식은 (8.27)을 단순히 미분을 취하여 구한 것이며, 보통 각분산(angular dispersion)이라 부르는 다음의 식으로 정리된다.

$$\frac{\Delta\theta}{\Delta\lambda} \simeq \frac{m}{d\cos\theta} \tag{8.28}$$

한편, 위상차의 너비 $\Delta\phi_w$를 나타내는 (8.25)가 각도로는 얼마나 되는지 알아보자. $\Delta\phi_w$에 대응하는 각도의 너비를 $\Delta\theta_w$로 적으면 다음의 식을 만족한다고 할 수 있다.

$$\frac{2\pi}{\lambda} d\sin(\theta + \Delta\theta_w) = m \cdot 2\pi + \frac{2\pi}{N}$$

위 식은 삼각함수 공식을 이용하여

$$\sin\theta\cos\Delta\theta_w + \cos\theta\sin\Delta\theta_w = \left(m + \frac{1}{N}\right)\frac{\lambda}{d}$$

와 같이 정리할 수 있다. $\Delta\theta_w$는 θ보다 훨씬 작으므로 $\cos\Delta\theta_w \simeq 1$, $\sin\Delta\theta_w \simeq \Delta\theta_w$로 근사하고 (8.27)을 이용하면 결국

$$\Delta\theta_w \simeq \frac{\lambda}{Nd\cos\theta} \tag{8.29}$$

를 얻는다. 분해하고자 하는 바로 옆에 놓인 두 파장 사이의 간격은 (8.28)을 이용하면

$$\Delta\lambda \simeq \frac{d\cos\theta}{m}\Delta\theta$$

로 적을 수 있는데, 이 파장 간격으로 인한 각도 차이가 (8.29)로 주어지는 각도의 너비와 같으면 우리는 두 파장을 분해할 수 있다. 이러한 기준을 Rayleigh의 기준이라고 부른다. 즉, 회절격자가 분해 가능한 파장 간격은 $\Delta\theta = \Delta\theta_w$를 이용하여

$$\Delta\lambda \simeq \frac{d\cos\theta}{m}\frac{\lambda}{Nd\cos\theta} = \frac{\lambda}{Nm}$$

로 주어진다. 분해 가능한 파장 간격이 작을수록 좋은 회절격자이므로 분해능 R를 다음과 같이 정의하여

$$R \equiv \frac{\lambda}{\Delta\lambda} = Nm \tag{8.30}$$

을 얻는다. 차수 m이 정해져 있으면 격자의 개수 N이 클수록 회절격자의 분해능은 좋아짐을 알 수 있다. 이는 결국 (8.25)에서 따라 나오는 것이다.

문제

다음 페이지의 **그림 8.7**은 반사형 회절격자를 보여준다. 그림의 복잡성을 줄이기 위해 입사하는 경우는 2개의 파동만을 그렸지만 모든 반사파마다 입사파가 있다고 생각하라. 그림을 살펴보면 반사형 회절격자는 입사파 사이에도 경로차로 인한 위상차가 발생함을 알 수 있다. 이에 따라 반사형 회절격자의 경우 보강 간섭의 조건 (8.27)은 어떻게 바뀌는가?

정답 $d(\sin\alpha - \sin\theta) = m\lambda$

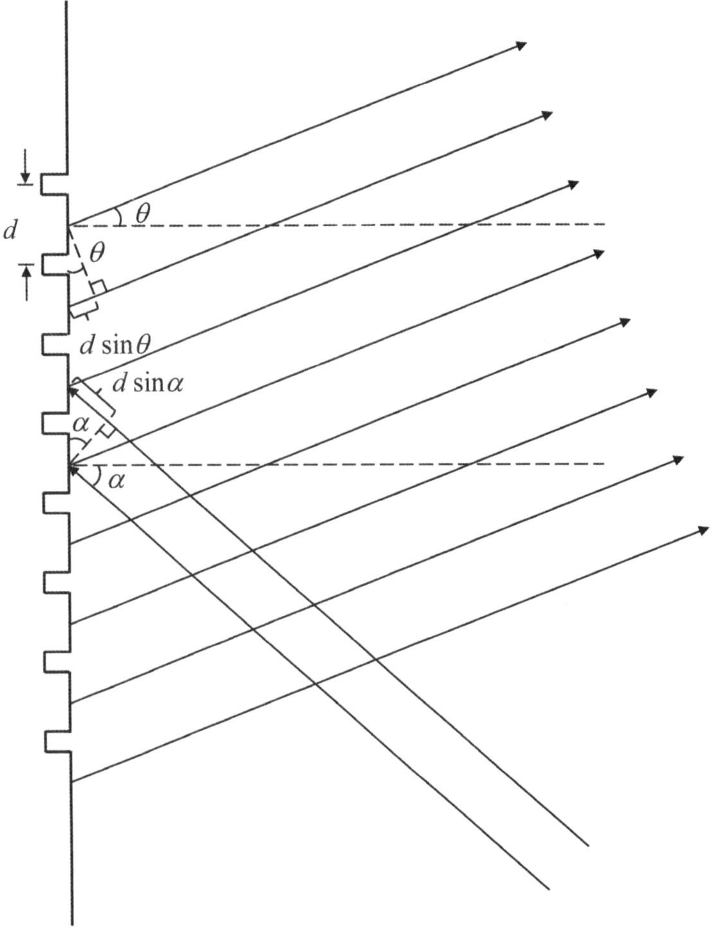

그림 8.7 반사형 회절격자

투과형 회절격자 외에 다중 슬릿의 개념을 이용하여 이해할 수 있는 다른 예인 안테나에 대해 생각해 보자. 안테나란 전자기파를 내보내는 마치 슬릿과 같은 장치라고 생각할 수 있다. 간단하게 생각할 수 있는 안테나는 쌍극자 안테나(dipole antenna)인데, 쌍극자 안테나에서는 교류에 연결된 안테나가 양전하와 음전하를 번갈아 진동시키며 전자기파를 발생시킨다. **그림 8.8**은 쌍극자 안테나에서 전자기파가 발생하는 모습을 도식적으로 나타낸 그림이다.

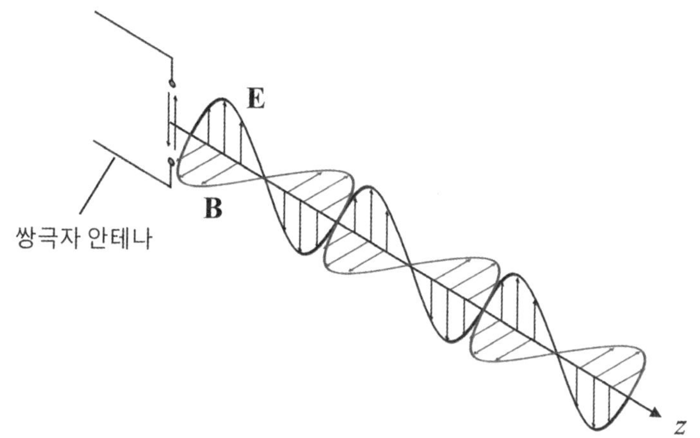

그림 8.8 쌍극자 안테나에서 전자기파가 발생하는 모습을 도식적으로 나타낸 그림

이제 다음 페이지의 **그림 8.9 (a)**와 같이, 2개의 동일한 쌍극자 안테나가 배열된 경우를 생각해 보자(안테나의 개수 $N = 2$). 그림에서 점은 쌍극자 안테나를 위에서 바라본 것이며, 이 안테나가 마치 슬릿과 같이 전자기파를 발생시키고 있다고 생각하자. 안테나 사이의 간격 $d = 10\lambda$라고 가정하자(여기서 λ는 전자기파의 파장이다). 이 두 안테나에서 발생한 전자기파는 이중 슬릿을 투과한 전자기파와 마찬가지로, 서로 간섭하여 최대와 최소를 만든다. 두 안테나의 정면($\theta = 0$)에서는 두 전자기파가 아무런 위상차 없이 합쳐지므로 보강 간섭을 하게 된다. 정면에서 벗어나면, 이제 두 전자기파 사이에는 위상차가 발생하여 합성 파동의 진폭이 줄어든다. 완전 상쇄간섭이 일어나 합성 파동이 최소가 되는 각도는 (8.9)에서 $m = 0$인 조건을 이용하면 된다. 즉,

$$d \sin\theta = \frac{\lambda}{2} \tag{8.31}$$

에서 $d = 10\lambda$이므로

$$\theta = \sin^{-1}\left(\frac{1}{20}\right) \simeq 2.9^{\circ} \tag{8.32}$$

에서 최소가 된다. 각도가 더 증가하면 다시 최대가 되며, 최대가 일어나는 각도는 (8.7)에서 $m = 1$을 넣어 구할 수 있다. 즉,

$$d\sin\theta = \lambda \quad \rightarrow \quad \theta = \sin^{-1}\left(\frac{1}{10}\right) \simeq 5.7^\circ \tag{8.33}$$

를 얻는다. 5.7° 정도의 작은 각도만 바뀌면 다시 최대가 나타나므로 최소, 최대가 매우 빈번히 바뀌고 있다는 것을 알 수 있다. 특정한 방향(가령 정면)으로만 전자기파를 보내고 싶은 경우, 나머지 방향으로 가는 전자기파는 모두 낭비라고 볼 수 있다. 이 경우, 안테나의 개수를 늘릴수록 방향성을 훨씬 향상시킬 수 있다.

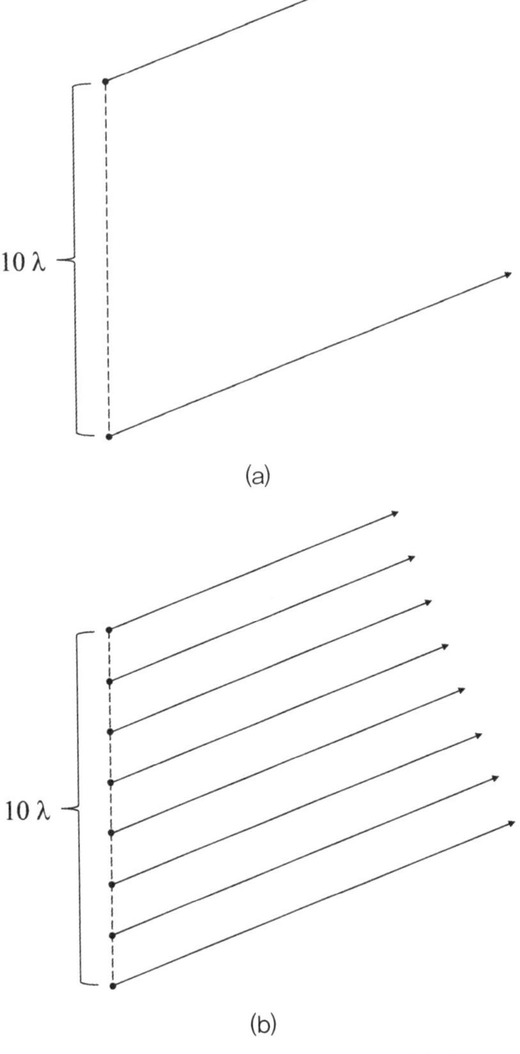

그림 8.9 위상배열 안테나: (a) $N = 2$, (b) $N = 8$

그림 8.9 (b)와 같이 안테나의 개수가 8개로 늘어난 경우($N=8$)를 생각해 보자. 안테나 사이의 간격은 $\frac{10\lambda}{7}$가 된다. 이 경우도 정면에서는 모두 보강 간섭되어 최대가 나타난다. 두 번째 최대가 나타나는 경우는 안테나 사이의 위상차 $\phi = 2\pi$가 될 때이며, 이중 슬릿과 마찬가지로 구할 수 있다. 단, 안테나 사이의 거리 d가 10λ에서 $\frac{10\lambda}{7}$로 변한 것이다. 이를 고려하여 계산하면

$$d\sin\theta = \lambda \quad \rightarrow \quad \theta = \sin^{-1}\left(\frac{7}{10}\right) \simeq 44^{\circ} \tag{8.34}$$

를 얻는다. 안테나 2개인 경우보다 훨씬 최대가 띄엄띄엄 나타남을 알 수 있다. 정면에 단 하나의 최대가 존재하고 2번째 최대가 전면에 없도록 하려면 안테나의 개수를 더 늘리면 된다. 이와 같이 간섭 현상을 이용하여 전자기파가 향하는 방향을 조절하는 안테나들을 위상배열 안테나라고 한다. 위상배열 안테나는 레이더 등에 널리 사용된다.

문제

그림 8.9 (b)에서 안테나의 개수를 몇 개 이상으로 늘리면 2번째 최대가 전면에 없도록 할 수 있을까?

정답 $N \geq 11$

8.5 위상 속도와 군 속도

지금까지 우리는 조화 함수 파동이 이동하는 속도가 다음과 같이 주어짐을 알았다.

$$v_p = \frac{\omega}{k} = f\lambda \tag{8.35}$$

이렇게 주어지는 파동의 속도를 **위상 속도(phase velocity)**라고 한다. 우리가 조화 함수 파동의 어느 위상을 따라갈 때, 이 위상이 이동하는 속도이기 때문이다. (8.35)에서 'p'

는 위상을 뜻하는 phase의 머리글자를 적은 것이라고 생각할 수 있다.

다시 한 번 위상 속도의 의미에 대해 되새겨 보기 위해 조화함수 파동을 나타내는 다음을 생각해 보자.

$$\begin{aligned}\psi(z,t) &= A\cos(kz-\omega t) = A\cos\left[k\left(z-\frac{\omega}{k}t\right)\right] \\ &= A\cos\left[k(z-v_p t)\right]\end{aligned} \tag{8.36}$$

(8.36)의 마지막 줄에서 우리는 평행 이동의 의미를 떠올리면서, 파동의 각 위상이 시간이 흐름에 따라 v_p로 이동함을 다시 한 번 상기할 수 있다.

앞 절에서, 우리는 여러 파동이 중첩하여 또 다른 파동이 됨을 살펴보았다. 같은 k와 ω를 갖는 파동이 상대적 위상차를 가지며 중첩되는 경우만을 살펴보았는데, 좀 더 일반적으로, k와 ω가 다른 두 파동이 중첩하여 또 다른 파동을 만드는 경우에 대해 생각해 보자. 편의상 진폭은 같다고 가정하자. 즉,

$$\psi(z,t) = A\cos(k_1 z-\omega_1 t) + A\cos(k_2 z-\omega_2 t) \tag{8.37}$$

이다. 여기서 A는 두 파동이 갖는 진폭이며, 서로 다른 k와 ω를 구별하기 위해 '1'과 '2'의 첨자를 붙였다. 편의상 $k_1 > k_2$, $\omega_1 > \omega_2$라고 가정하고, k_1과 k_2, ω_1과 ω_2가 서로 근접한 값을 갖는다고 하자. 즉 비슷하지만 똑같지는 않은 2개의 파동을 중첩시키는 것이다.

이제 (8.2)의 공식을 이용하면 (8.37)은

$$\psi(z,t) = 2A\cos(k_m z-\omega_m t)\cos(\bar{k}z-\bar{\omega}t) \tag{8.38}$$

로 간단히 정리할 수 있는데, 이때 새롭게 정의된 k_m, ω_m, $\bar{k}$, $\bar{\omega}$는 다음과 같다.

$$k_m \equiv \frac{k_1-k_2}{2},\ \omega_m \equiv \frac{\omega_1-\omega_2}{2} \tag{8.39}$$

$$\bar{k} \equiv \frac{k_1+k_2}{2},\ \bar{\omega} \equiv \frac{\omega_1+\omega_2}{2} \tag{8.40}$$

k_m과 ω_m은 각 값들의 차를 2로 나눈 것이고, $\bar{k}$와 $\bar{\omega}$는 각 값들의 합을 2로 나눈 것이다. k_1과 k_2, ω_1과 ω_2가 서로 근접한 값을 가지므로,

$$k_m \ll \overline{k} \tag{8.41}$$

$$\omega_m \ll \overline{\omega} \tag{8.42}$$

임을 알 수 있다.

시간 $t = 0$일 때, 파수가 인접한 두 파동의 모습이 **그림 8.10 (a)**에, 이 두 파동을 합친 모습이 **그림 8.10 (b)**에 나와 있다.

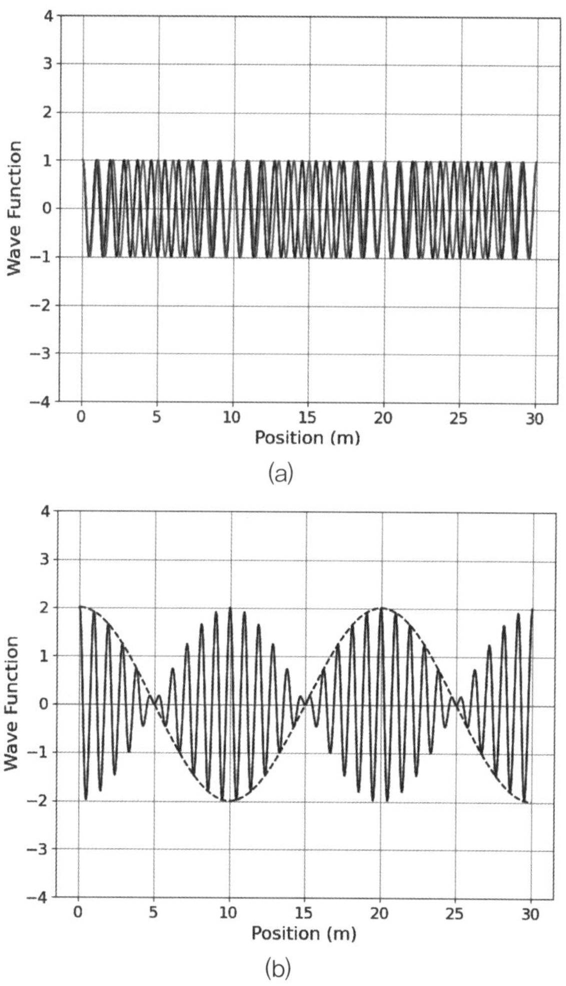

그림 8.10 파장이 조금 다른 파동을 합친 경우: $k_1 = 2.2\pi\,\mathrm{rad/m}$, $k_2 = 2.0\pi\,\mathrm{rad/m}$를 가정하여, (a) $\cos(k_1 z)$, $\cos(k_2 z)$로 나타낸 두 파동과 (b) 이 두 파동의 합 $\cos(k_1 z) + \cos(k_2 z)$를 그렸다. (b)의 끊어진 선은 (8.38)에서 천천히 변하는 $2\cos(k_m z)$를 그린 것이다.

그림 8.10을 보면 같은 위상으로 중첩되어 파동이 보강되는 위치와 π만큼의 위상차로 인해 파동이 서로 상쇄되는 위치가 주기적으로 반복되어 나타나는 것을 알 수 있다. 예를 들어, $z = 0, 10, 20, 30\,\mathrm{m}$인 위치에서는 같은 위상이 합쳐지며 파동이 보강된다. 반면, $z = 5, 15, 25\,\mathrm{m}$인 위치에서는 π만큼의 위상차로 인해 파동이 서로 상쇄된다. 이와 같이, 진폭이 위치에 따라 커졌다 작아졌다 하는 현상을 '맥놀이(beat)'라고 부른다.[7)]

이제 시간이 흐르면 **그림 8.10 (a)**에 나타난 각각의 파동은 $+z$ 방향으로 이동하게 된다. 만약 각각의 파동이 **동일한 위상 속도**로 이동한다면 **그림 8.10 (a)**에 나타난 모습이 그대로 이동하는 것이므로, **그림 8.10 (b)**의 합성 파동도 각각의 파동이 이동하는 속도와 동일한 속도로 이동한다.[8)]

하지만 종종 파동의 이동 속도는 파장에 따라 달라진다. 이와 같이 파장에 따라 파동의 위상 속도가 달라지는 현상을 **분산(dispersion)**이라고 부른다. **그림 8.10 (a)**에 나타난 각각의 파동이 이동하는 위상 속도가 다른 경우에는 이 파장별 속도 차이로 인해 보강 간섭되는 위치가 같은 속도로 이동하는 것이 아니라 다른 속도로 이동하게 된다. 즉, **구성 파동의 속도와 맥놀이가 일어나는 합성 파동의 속도가 달라진다.**

(8.38)을 보면 2개의 이동하는 파동이 곱해져 있는 모양임을 알 수 있다. $k_m \ll \bar{k}$이므로 시간이 고정되어 있을 때 $\cos(k_m z)$가 $\cos(\bar{k}z)$보다 훨씬 천천히 변한다. **그림 8.10 (b)**의 끊어진 선은 이렇게 천천히 변하는 모습을 나타낸 것이다. $\cos(k_m z)$와 같이 천천히 변하는 함수를 **위치에 따라 달라지는 진폭**이라고 생각할 수 있으며 포락선(envelope) 또는 포락선 함수(envelope function)라고 부른다. $\cos(\bar{k}z)$와 같이 빨리 변하는 함수는 반송파(carrier wave)라고 한다.

시간이 흐르면 포락선과 반송파 모두 이동한다. 포락선이 이동하는 속도를 v_g, 반송파가 이동하는 속도를 v_p라고 하면

$$v_g = \frac{\omega_m}{k_m} = \frac{\omega_1 - \omega_2}{k_1 - k_2} \tag{8.43}$$

---

7) 보통, 맥놀이는 **시간에 따라** 합성 파동의 진폭이 커지거나 작아지는 경우를 일컫는다. 시간에 따라 진폭이 커지거나 작아지는 경우도 공간에 따라 진폭이 달라지는 경우와 정확히 같은 이유로 발생한다.

8) 맥놀이 현상은 정지파가 발생할 때 배와 마디가 발생하는 것과 유사하다. 하지만 정지파의 경우, 배와 마디의 위치는 공간에서 고정되어 있으며 시간에 따라 변하지 않는다. 반면 맥놀이는 진폭의 최대와 최소를 결정하는 포락선이 시간에 따라 이동한다.

$$v_p = \frac{\overline{\omega}}{\overline{k}} = \frac{\omega_1 + \omega_2}{k_1 + k_2} \tag{8.44}$$

가 된다. 포락선이 이동하는 속도를 보통 **군 속도**(group velocity)라고 부른다. 포락선은 둘 이상의 파동이 중첩되어(무리를 지어) 만들어진 것이기 때문이다.

표 8.1에 k와 ω의 몇 가지 경우의 수를 가정하여, 각 경우에 구성 파동의 위상 속도 v_{p1}, v_{p2}, 반송파의 위상 속도 v_p, 그리고 군 속도 v_g를 구하였다. 첫 번째 행은 분산이 없는(파장에 따른 속도 차이가 없는) 경우로서, 모든 속도가 같다는 것을 확인할 수 있다. 두 번째 행은 **정상 분산**(normal dispersion)이라고 얘기하는 경우로서, 파장이 짧은 파동이 파장이 긴 파동보다 천천히 이동한다. 이 경우는 반송파의 위상 속도보다 군 속도가 더 느리다는 것을 알 수 있다. 한편 **이상 분산**(anomalous dispersion)이라고 얘기하는 경우는 정상 분산과 반대로 파장이 짧은 파동이 파장이 긴 파동보다 더 빨리 이동하는데, 이때는 반송파의 속도보다 군 속도가 더 빠르다. 보통 자연계에서는 정상 분산이 관찰된다.

표 8.1 여러 분산의 경우를 가정한 반송파 위상 속도와 군 속도의 비교

	k_1 (rad/m)	ω_1 (rad/s)	k_2 (rad/m)	ω_2 (rad/s)	v_{p1} (m/s)	v_{p2} (m/s)	v_p (m/s)	v_g (m/s)
분산 없음	2.2π	11π	2.0π	10π	5.0	5.0	**5.0**	**5.0**
정상 분산	2.2π	11π	2.0π	10.4π	5.0	5.2	**5.1**	**3.0**
이상 분산	2.2π	11π	2.0π	9.6π	5.0	4.8	**4.9**	**7.0**

지금까지 파장이 근접한 2개의 파동을 중첩하여 새로운 파동을 만드는 것에 대해 살펴봤다. 중첩하는 파동의 개수가 늘어날수록 더 다양한 모양의 파동을 만들 수가 있으며 이런 경우는 (8.43)으로 표현된 군 속도를 좀 더 확장하여 다음과 같이 표현할 수 있다.

$$v_g = \frac{\Delta\omega}{\Delta k} \simeq \left.\frac{d\omega}{dk}\right|_{k=\overline{k}} \tag{8.45}$$

(8.45)는 $\omega = \omega(k)$, 즉 ω를 k의 함수로 알고 있다는 것을 전제로 한다. $\omega = \omega(k)$를 종종 **분산 관계식**(dispersion relation)이라는 이름으로 부른다. $\omega = kv_p$이므로

$$\begin{aligned} v_g &= \frac{d\omega}{dk} = \frac{d}{dk}(k v_p) = v_p + k\frac{dv_p}{dk} \\ &= v_p\left(1 + \frac{k}{v_p}\frac{dv_p}{dk}\right) \end{aligned} \tag{8.46}$$

라고 할 수 있다. (8.46)은 군 속도 v_g와 반송파의 위상 속도 v_p 사이의 관계이다. 파장이 짧아지면(파수가 커지면) 위상 속도가 줄어드는 정상 분산의 경우 $\frac{dv_p}{dk} < 0$이므로 $v_g < v_p$임을 확인할 수 있다. 이상 분산의 경우는 $\frac{dv_p}{dk} > 0$이므로 $v_g > v_p$가 성립하게 된다.

우리가 사용하는 통신에서는 여러 파동을 중첩하여 이 포락선의 모양을 바꾸어 정보를 실어 보낸다. 통신에서 신호를 실어 보내는 과정을 **변조(modulation)**라고 부른다. 이런 의미에서 시간에 따라 이동하는 포락선을 변조파(modulation wave)라고 부를 수 있다. 통신은 반송파가 변조파를 실어 나름으로써 가능하다. 지금까지 변조파의 속도(군 속도)와 반송파의 속도(위상 속도)가 일반적으로 다르다는 것을 살펴보았다. 군 속도는 변조파의 속도로서 중요한 의미를 지닌다.

부록 A

d'Alembert의 해의 이용

z축 방향으로 진행하는 1차원 파동을 나타내는 가장 일반적인 식을 다음과 같이 적을 수 있음을 5.2절에서 배운 바 있다.

$$\psi(z,t) = g(z - v_p t) + h(z + v_p t) \tag{A.1}$$

위 우변의 첫 번째 항은 $+z$축 방향으로 이동하는 파동, 두 번째 항은 $-z$축 방향으로 이동하는 파동을 나타낸다. (A.1)을 d'Alembert의 해라고 부른다. 임의의 파동은 모두 (A.1)의 형태로 정리하여 나타낼 수 있다. 예컨대, $+z$축 방향으로 진행하는 파동만 있는 경우는 h 함수가 없게 된다.

파동이 시간에 따라 어떤 모습으로 진행하는지는 초기 조건에 의해 결정된다. 7.4절에서와 마찬가지로 초기 조건을 다음과 같이 나타내보자.

$$\psi(z,0) = \zeta(z) \tag{A.2}$$

$$\dot{\psi}(z,0) = \xi(z) \tag{A.3}$$

(A.2)는 파동의 모양에 대한 초기 조건, (A.3)은 파동의 수직 방향 속도에 대한 초기 조건이다. 이제 이 초기 조건을 (A.1)에 적용하면

$$g(z) + h(z) = \zeta(z) \tag{A.4}$$

$$-v_p g'(z) + v_p h'(z) = \xi(z) \tag{A.5}$$

를 얻게 된다. 여기서 g'과 h'은 g와 h의 도함수이다. (A.4)를 z에 대해 미분하면

$$g'(z) + h'(z) = \zeta'(z) \tag{A.4$'$}$$

가 되며, 이제 이렇게 얻은 (A.4′)과 (A.5)를 연립하여 $g'(z)$와 $h'(z)$를 구하면

$$g'(z) = \frac{1}{2}\left[\zeta'(z) - \frac{1}{v_p}\xi(z)\right] \tag{A.6}$$

$$h'(z) = \frac{1}{2}\left[\zeta'(z) + \frac{1}{v_p}\xi(z)\right] \tag{A.7}$$

가 된다. 이제 (A.6)과 (A.7)을 z에 대해 적분하여 다음을 얻는다.

$$g(z) = \frac{1}{2}\zeta(z) - \frac{1}{2v_p}\int_{z_0}^{z}\xi(z')dz' + C_1 \tag{A.8}$$

$$h(z) = \frac{1}{2}\zeta(z) + \frac{1}{2v_p}\int_{z_0}^{z}\xi(z')dz' + C_2 \tag{A.9}$$

위에서 z'은 적분 변수이며, 임의의 z_0에서 변수로 취급하는 z까지 적분하였다. C_1과 C_2는 $g'(z)$와 $\zeta'(z)$를 적분한 결과 나온 상수들이다. (A.8)과 (A.9)를 더한 식은 (A.4)이어야 하므로 C_1과 C_2는

$$C_1 + C_2 = 0 \tag{A.10}$$

의 관계를 만족해야 함을 알 수 있다.

$g(z)$와 $h(z)$를 (A.8), (A.9)와 같이 초기 조건으로 나타냈으므로, 이제 (A.1)을 이용하여 임의의 시간에서의 파동 함수를 구하면 다음과 같다.

$$\begin{aligned}\psi(z,t) &= g(z-v_pt) + h(z+v_pt) \\ &= \frac{1}{2}\zeta(z-v_pt) + \frac{1}{2}\zeta(z+v_pt) + \frac{1}{2v_p}\int_{z-v_pt}^{z+v_pt}\xi(z')dz'\end{aligned} \tag{A.11}$$

적분 상수 C_1과 C_2는 (A.10)으로 인해 사라졌다. (A.11)은 초기 조건이 주어졌을 때 파동이 어떤 모양으로 시간에 따라 변화하는지를 나타낸다. 만약 수직 방향 속도에 대한 초기 조건 $\xi(z) = 0$이면 (A.11)은

$$\psi(z,t) = \frac{1}{2}\zeta(z - v_p t) + \frac{1}{2}\zeta(z + v_p t)$$

가 되며, 이는 초기 파동의 모양이 절반씩 나누어져 각각 반대 방향으로 v_p의 속도로 이동한다는 것을 알려준다.

(A.11)을 이용하면 7.5절에서 살펴본 정지파의 시간에 따른 변화를 다른 관점에서 살펴볼 수 있다. **그림 7.7**과 같이 **양쪽이 고정**된 상태에서 잡아당겨진 줄은 경계 조건 $\psi(0,t) = 0$과 $\psi(L,t) = 0$을 만족해야 하므로, 초기 파동의 모양이 절반씩 나누어져 반대 방향으로 진행하는 파동과는 상황이 조금 다르다. 정지파의 경우에는 경계 조건을 만족시키기 위해 경계를 넘어서서 (가상의) 파동이 존재한다고 생각하고 시간에 따른 진행을 생각해야 한다. 초기 조건이 **그림 7.7**과 같은 경우, 경계 조건을 만족시키기 위한 파동의 모습을 다음 페이지 **그림 A.1**의 제일 위 그림에 회색 끊어진 선으로 나타냈다. 이후 시간이 흐르며 생기는 정지파의 모습은 서로 다른 방향으로 진행하는 두 개 파동의 합으로 구할 수 있다. **그림 A.1**은 시간이 흐름에 따라 서로 다른 방향으로 진행하는 파동(회색 선)과 이 두 파동의 합(검은색 선)을 보여준다. 검은색 선으로 나타난 정지파의 진동하는 모습은 **그림 7.8**에서 살펴본 바와 동일하다.

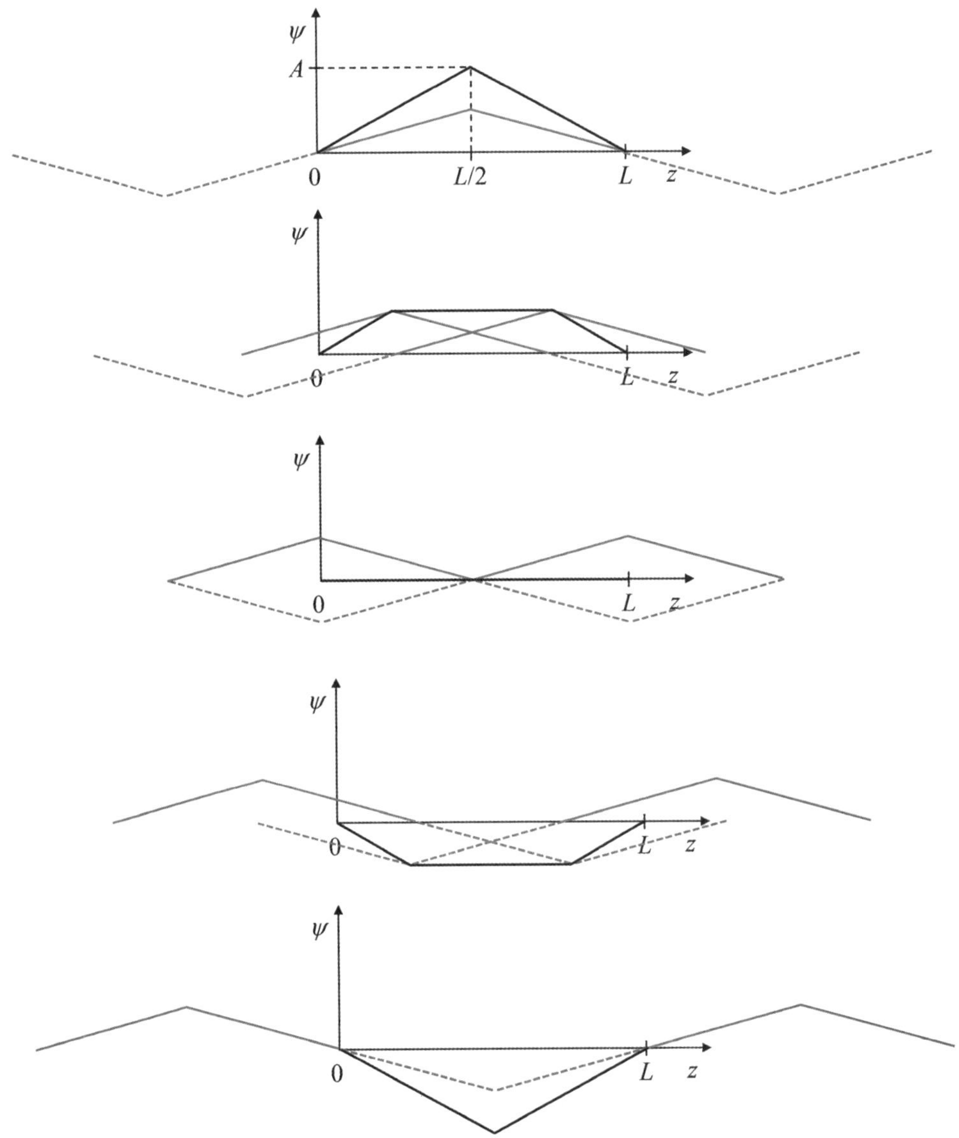

그림 A.1 그림 7.7의 정지파가 시간에 따라 진동하는 모습을 d'Alembert의 해를 이용하여 나타낸 그림. 회색 선은 각각 반대방향으로 진행하는 파동의 모습을 나타내며 검은색 선은 두 파동의 합을 나타낸다. 회색 끊어진 선은 경계 조건을 만족시키기 위해 추가적으로 생각해야 하는 파동이다.

참고문헌

[1] D. Halliday, R. Resnick, J. Walker, *일반물리학*, 개정 10판, 제1권/제2권 (범한서적, 서울, 2015).

[2] S. T. Thornton and J. B. Marion, *Classical Dynamics of Particles and Systems*, 5th Edition (Brooks/Cole, Belmont, 2004).

[3] D. J. Griffiths, *Introduction to Electrodynamics*, 3rd Edition (Pearson, San Francisco, 2008).

[4] E. Hecht, *Optics*, 4th Edition (Addison Wesley, San Francisco, 2002).

[5] G. Brooker, *Modern Classical Optics* (Oxford University Press, Oxford, 2003).

[6] D. K. Cheng, *Fundamentals of Engineering Electromagnetics* (Addison Wesley, Reading, 1993).

[7] D. T. Blackstock, *Fundamentals of Physical Acoustics* (John Wiley & Sons, New York, 2000).

[8] H. J. Pain, *The Physics of Vibrations and Waves*, 6th Edition (John Wiley & Sons, Chichester, 2005).

[9] D. H. Towne, *Wave Phenomena* (Dover, New York, 1967).

[10] R. P. Feynman, R. B. Leighton, and M. Sands, *The Feynman Lectures on Physics*, Vol. 1 (Addison Wesley, Reading, 1963).

[11] 와다치 미키和達 三樹, *물리를 위한 대학수학*, 2판 (한울아카데미, 파주, 2013).

찾아보기

ㅈ

ㅎ

123

abc

신동수

—

연세대학교 이과대학 물리학과 이학사

미국 University of California, San Diego 물리학과 이학석사 및 이학박사(응용물리학)

미국 Agere Systems, Member of Technical Staff

미국 Spatialight, Senior Scientist

현 한양대학교 ERICA 나노광전자학과 교수

연구분야: 광전자소자 및 시스템

진동과 파동 현상의 이해

펴낸날 2024년 12월 31일 초판 1쇄

지은이 신동수 ● **펴낸이** 이기정

펴낸곳 한양대학교출판부 ● **출판등록** 제4-7호(1972.2.29)

주소 서울 성동구 왕십리로 222 ● **전화** 02.2220.1432-4 ● **팩스** 02.2220.1435

홈페이지 press.hanyang.ac.kr ● **이메일** presshy@hanyang.ac.kr

값 **23,000**원

ISBN 978.89.7218.815.5 (93420)